高职高专"十二五"规划教材

服装成衣工艺
—— 项目化教材

勾爱玲　白晓红◎副主编

化学工业出版社

·北京·

本教材根据高职院校服装专业的授课特点、按照最新的项目化教学方案编制,凭借大量高职教育实践积累和多年服装培训经验,兼顾工业化生产和个性化制作的需求,根据服装款式特征安排了七个实训化项目。

本教材科学地阐明了服装缝制工艺基础技术要点和质量标准,操作性极强,使学生能更快、更顺利地适应成衣工业生产岗位。本书可作为本科院校二级学院、成人高等院校、高职高专院校、本科院校高职教育的服装及相关专业的教材,还可作为普通高等院校服装专业和中等职业学校的学习用书以及广大服装从业人员和爱好者的参考用书。

图书在版编目(CIP)数据

服装成衣工艺/窦俊霞主编. —北京:化学工业出版社,2012.8(2021.9重印)
高职高专"十二五"规划教材
ISBN 978-7-122-14797-4

Ⅰ.①服… Ⅱ.①窦… Ⅲ.①服装-生产工艺-高等职业教育-教材 Ⅳ.①TS941.6

中国版本图书馆CIP数据核字(2012)第152460号

责任编辑:蔡洪伟 陈有华　　　　　　　　文字编辑:谢蓉蓉
责任校对:陈　静　　　　　　　　　　　　装帧设计:尹琳琳

出版发行:化学工业出版社(北京市东城区青年湖南街13号　邮政编码100011)
印　　装:涿州市般润文化传播有限公司
787mm×1092mm　1/16　印张13　字数300千字　2021年9月北京第1版第3次印刷

购书咨询:010-64518888　　　　　　　　售后服务:010-64518899
网　　址:http://www.cip.com.cn
凡购买本书,如有缺损质量问题,本社销售中心负责调换。

定　　价:40.00元

前言

　　服装业采用了许多先进技术，从而对企业的赢利产生了深远的影响。推广服装新工艺与操作技巧是我国高职服装教育与国际、国内服装产业高级化接轨的主要途径之一。为了适应我国现代高职服装教育的发展，适应服装专业课程体系的改革，在多年的教学实践、生产实践、社会实践的基础上，我们组织编写了本教材。

　　在编写过程中，我们借鉴国外的有益经验，并注重同我国服装产业的有机结合，以适应目前服装材料与服装工艺新技术最新组合手段的发展趋势，同时，也将服装工艺在操作中的技巧、质量标准等实践内容纳于教材之中。本教材采用图文并茂的形式，由浅入深地介绍了最新的缝制工艺。不仅适合作为我国高等职业院校服装专业教材，也适用于普通高等院校服装专业的学生阅读，还可以作为广大服装从业人员和爱好者的专业参考用书。

　　本教材由多位长期从事服装缝制工艺教学工作的教师在自编讲义的基础上共同编写而成。具体编写人员为：平顶山工业职业技术学院窦俊霞、陈乃红、白晓红、张朝阳，漯河职业技术学院勾爱玲以及晋城职业技术学院赵晓玲。全书由窦俊霞老师统稿。

　　为了方便老师备课、考核学生以及学生自学，本书配备了实训指导、电子教案、电子课件、项目化考核标准等电子资源，订购本书的老师可通过E-mail（53624002@qq.com）免费索取。

　　鉴于编者学识有限，书中如有错误与不妥之处，恳请批评指正。

编　者
2012年4月

目 录

目 录

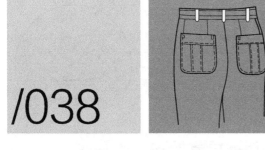

/068

目 录

/098

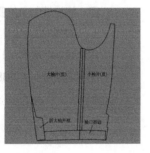

/114

目录

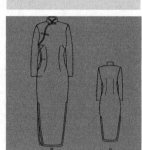

/158

项目七　中式服装缝制工艺

/189

附录

参考文献

/198

项目一
服装缝制工艺基础

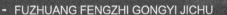

实训目的

了解和掌握服装专业手针工艺和缝纫工艺技术必要的基本理论、基本知识和基本技能。

重难点分析

重点：手缝工艺及其在企业中的重要性；手缝工艺的要领；如何练针及掌握各种针法和缝制技法

难点：机缝工艺

案例引入

手缝工艺又称手针工艺。手缝工艺是采用手缝针在服装材料上进行缝制的工艺，在我国有着悠久的历史，优良的传统，有着深厚的群众基础，是我国劳动人民智慧的结晶。手缝工艺具有方便、灵活、针法丰富的特点，其中有些针法仍不能为服装设备所代替，服装缝制工艺以机缝为主、手缝为辅，学习和掌握服装缝制工艺的基础知识和基本技能必须兼顾二者。

服装成衣工艺

任务一　服装手缝工艺

手缝工艺又称手针工艺。它是我国服装缝制中的一项传统的制衣工艺，也是服装缝纫中的基础工艺，是服装制作不可缺少的基本功。在没有发明缝纫机之前，缝制各种服装都是靠手缝工艺来完成的。随着服装工业的发展，服装机械设备虽然越来越完善，但到目前为止，缝制服装，尤其是缝制毛呢料服装，很多缝制工序仍然依赖于手缝工艺来完成，如止口、纳驳头、抽袖山、缲边等。其特点是针法灵巧多变，针迹美观，缝制出来的服装不皱不翘，不松不紧。对于初学服装缝制工艺者来说，手缝工艺是一门不可缺少的必修课。手缝针法有多种，现将经常使用的手缝工艺的一些针法介绍如下。

一、打线钉

打线钉是服装行业中的一项传统缝制工艺，也就是用白面纱线在衣片上做的缝制标记。打线钉时可以根据面料的厚薄和服装不同的部位采用单线打双针或者双线打单针的方法（见图1-1）。

打线钉前，先将裁片铺平，上下对齐摆正。在直线处，针距可大一些；在曲线部位，针距可小一些。剪线钉时，将上衣片掀起，把中间的线钉略拉长一点，由中间剪断（见图1-2）。线钉的拉线长短要适宜，过长易脱落，过短不易剪开，另外，在两层裁片中间剪线时，要注意将剪刀端平，用剪刀尖去剪，以防剪破裁片。剪完后，用手掌将线钉轻按一下，以防线钉脱落。

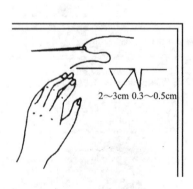

图1-1　运针方法

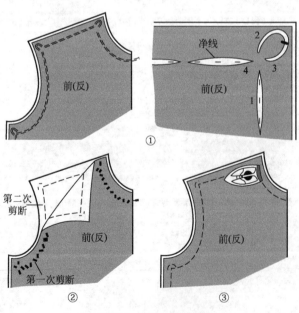

图1-2　打线钉针法

二、三角针

　　三角针俗称绷针。它是用在服装的贴边处，使贴边与衣身固定，由左向右倒退操作的一种针法，正面不露线迹。如固定裤子的裤口、腰里，上衣的袖口及底摆等均可用此种针法。图1-3为三角针针法；图1-4为普通三角针，主要用于全夹里的西服下摆、袖口的缝头固定；图1-5为直立三角针，比普通三角针针距间隔窄，纵向稍长，主要用于裤脚口的缝头处理。图1-6为简单三角针，与上述三类三角针的缝向相反，从右向左，交互地缝，主要用于将防止伸缩的衬条固定在面料上。

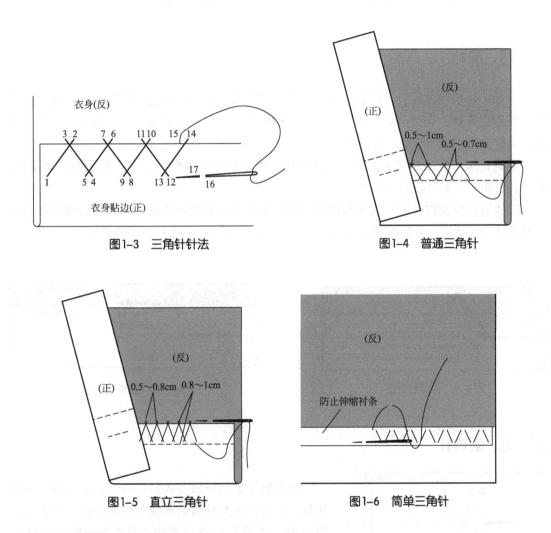

图1-3　三角针针法

图1-4　普通三角针

图1-5　直立三角针

图1-6　简单三角针

三、拱针

　　拱针也叫串针。它是将手针自右向左，按照先下后上，针脚等距的步骤向前移动的一种针法。其工艺要求是，针迹要密而匀，针路要顺而直。此种针法多用于毛呢料上衣的拱袖山以及制作各种服装的包扣等。图1-7为运针针法；图1-8为袖山拱针。

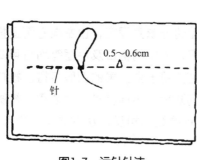

图1-7　运针针法

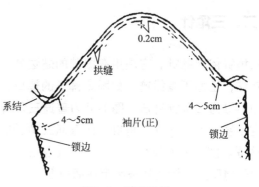

图1-8　袖山拱针

✤ 四、缲针

缲针又叫缭针、板针、搀针、撬针。它多用于服装的袖口和底摆的贴边、袖窿、裤腰里、膝盖绸等处。宜选用与衣料同色线，以便隐藏线迹。缲针在服装反面操作，线迹宜松弛。缲针分为明缲和暗缲两种针法。

明缲针法是针由外向里或由里向外斜缲，缝制后针迹微微外露。其要求是针脚整齐、均匀，针距约0.3cm。见图1-9。

暗缲是在缝制时先将一层布料掀起，在每层布料上各缲一根纱丝，两层布料正面都不能露出针迹。缝制后再将掀起的布料放平，使针迹隐藏在两层布料中间。见图1-10。

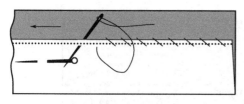

图1-9　明缲针针法

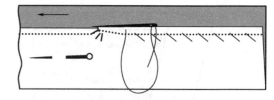

图1-10　暗缲针针法

✤ 五、倒钩针

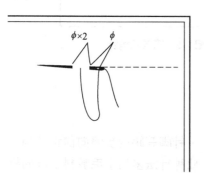

图1-11　倒钩针针法

倒钩针主要用于服装的斜丝部位，如袖窿、领窝等处。它的作用是使服装斜丝部位不拉还、不松口。操作时，在距斜丝部位毛边向里0.7cm宽处开始扎针。第一针从布料反面扎起，将线结藏在衣料反面，然后将针从衣料正面穿出，在衣料正面向后退0.3cm后再将针扎入衣料反面。在衣料反面将针前进0.3cm再将针从衣料正面穿出。如此反复循环就成为倒钩针。见图1-11。

六、杨树花

杨树花是女装中的一种装饰针法，如女长大衣、短大衣的衣里贴边处常用此针法。其缝制要领是，向下扎针，线绕过针的前半部往下甩；向上扎针，线绕过针的前半部往上甩。若反复向上扎一针，再向下扎一针，就成为一朵花型；若反复向上扎两针，再向下扎两针，就成为两朵花型，依次类推。图1-12是三朵花型的杨树花。

七、绗针

绗针常用于挂面止口处，起固定挂面防止挂面外吐的作用。此种针法在布料正面露出的针迹很小，星星点点的，故又称星点缝。

其针法是，第一针从布料正面扎进后将针在布料反面前进1cm后再从布料正面穿出。第二针入针处与第一针出针处重合，入针后也是将针在布料反面前进1cm再从布料正面穿出。如此反复循环即成为绗针。见图1-13。

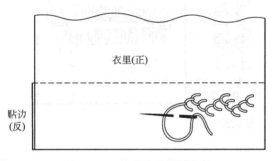

图1-12　三朵花型的杨树花针

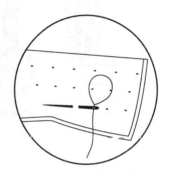

图1-13　绗针

八、锁扣眼

锁扣眼是服装缝制工艺中不可缺少的一种针法。扣眼有平头和圆头、实用和装饰之分。手锁扣眼的方法是在锁眼前先用剪刀的刀尖按照粉印开眼。

具体操作步骤见图1-14。

（1）确定扣眼大小，一般宽0.4cm，长是扣子直径加扣子厚度（0.3cm）后机缝。容易毛边的面料，在扣眼中还要来回车缝几道线，防止脱纱。

（2）在扣眼中央剪口。

（3）在扣眼周围缝上一圈衬线，然后按图示，一边做线结。

（4）一侧锁完眼后，在转角处锁成放射状，然后继续锁缝。

（5）按图示锁到最后，将针插入最初锁眼的那根线圈中。

（6）将线横向缝两针。

（7）将线再纵向缝两针。

（8）在里侧来回两次穿过锁眼线，不用打线结，直接将线剪断。

（9）锁眼完毕，不要忘记将最初的线结去掉。

服装成衣工艺

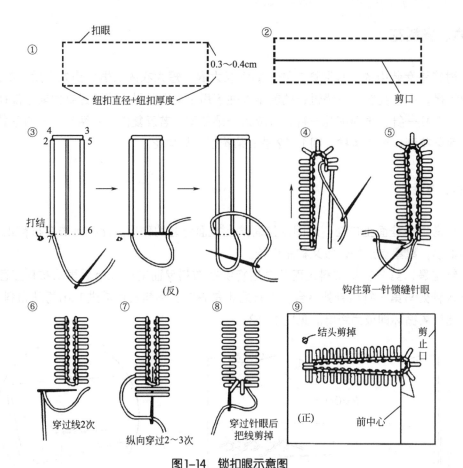

图1-14　锁扣眼示意图

九、钉扣

　　将纽扣用线钉在衣服上叫钉扣。服装上的纽扣有两大类：一类是实用扣，一类是装饰扣。扣子的式样也很多，有四孔的、两孔的，还有一孔的。钉实用扣时钉线要松些，以满足缠线脚用。线脚高矮，要根据面料的厚薄来决定。装饰扣是不和扣眼接触的，只起装饰作用，因此在钉扣时线要拉紧钉牢。现以四孔扣为例，介绍一下钉扣方法。见图1-15。

　　（1）先在扣位处画个"十"字，针从衣服正面A处下去。采取这种方法钉扣，线头虽留在衣服正面，但钉扣后线结会被扣子盖住，而其背面不会出现线结，因而衣服两面都显得整洁。见图1-15①。

　　（2）针从B处出来，穿过两个扣孔后从C处下去，再从D处上来，又穿过两个扣孔后从E处下去。钉线一定要放松些，以满足缠线脚用。放松度大小可根据衣料厚薄来决定，衣料越厚，放松度越大。见图1-15②～⑤。

　　（3）绕线脚时拉紧扣子，一般绷绕6～8圈，高度0.3cm。见图1-15⑥。

　　（4）将针由衣服正面穿到反面，在反面将针穿入钉线后拉出。然后打一个线结，再将针穿入钉线，最后将线结拉入钉线内隐藏起来。见图1-15⑦～⑪。

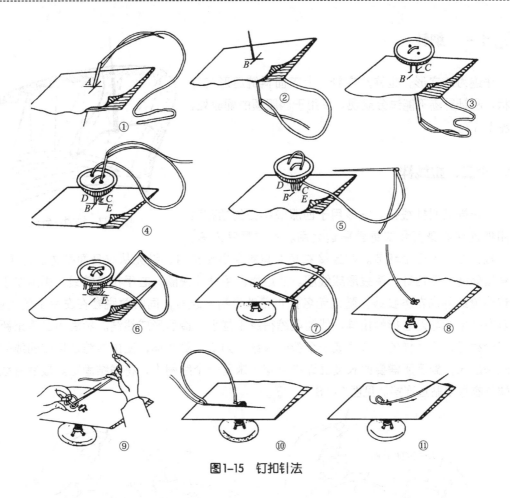

图1-15 钉扣针法

ℒℴ十、扎针

也称斜针，线迹为斜形，针法可进可退。主要用于将边缘四位固定，见图1-16。

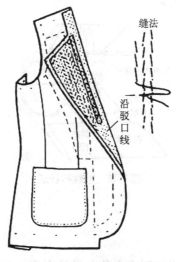

图1-16 扎针针法

◈ 十一、纳针

线迹为八字形，也称八字针。上下面料缝后形成弯曲状，底针针迹不能过分显现。多用于西服领的翻驳处，见图1-17。

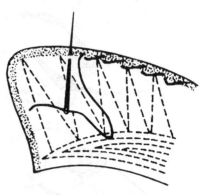

图1-17 纳驳头针法

◈ 十二、拉线袢

拉线袢又叫扯线袢。它多用于西服驳头处的插花眼和用做连接衣身面和衣身里贴边之用。操作顺序为套、钩、拉、放、收五个环节。在连接衣身面与衣身里贴边时，针先从衣身面贴边反面穿出，在穿出处缝一倒钩针，使线形成线圈。然后用左手撑住线圈，右手拉直缝线，再用左手中指钩住缝线并向左方拉线，随之无名指也帮助中指一起拉，同时放脱套在左手上的线圈，随着左手中指与无名指的拉抻，线圈收缩得越来越小，最后形成线结。然后用左手重新撑开一个线圈，用同样的方法拉成一个新的线结。如此反复循环，使由线结连接成的线袢变得越来越长，到了所需要的长度立即把针穿入末尾一个线圈内，将线结固定。最后将线袢末端与衣身里贴边连接。见图1-18①～③。

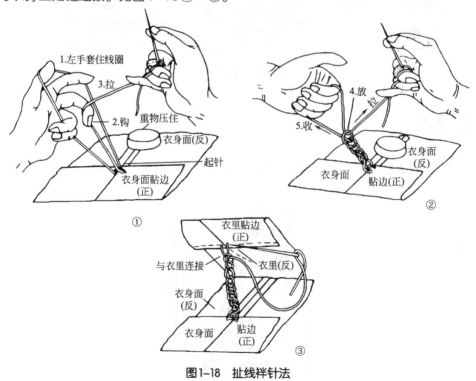

图1-18 扯线袢针法

◈ 十三、包扣

在扣子上包一层布料（多用本料布）作为装饰之用的扣叫包扣。包扣的特点是圆而丰满，紧固平服。

　　其操作方法是：剪一块相当于扣子直径2倍的圆形布料作为包扣用布。用手针沿布料边0.3cm拱缝一道线，然后将扣子放到布料中间，凸心向外，随之抽紧拱缝线将扣包缘里进紧，然后用倒钩针法将包扣根部的布料缝牢，最后用倒钩针法将包扣钉在衣服上。包扣多用于女装和童装，见图1-19。

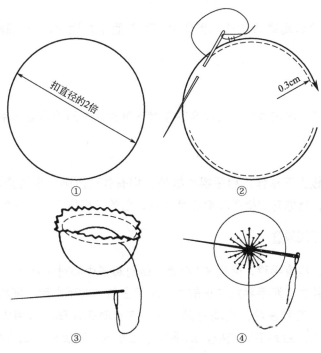

图1-19　包扣的方法

思考与练习

　　1.服装上常见的有哪几种扣眼？怎样锁好扣眼？

　　2.钉扣为什么要有绕脚？怎样绕才符合要求？

　　3.绷好三角针和杨树花针有哪些要求？它们各有什么用途？

　　4.运用3～6种手缝技法设计并制作一条手绢。

任务二　服装机缝工艺

　　机缝工艺又叫车缝工艺。它是指用缝纫机缝制各种产品及服装。其特点是速度快、质量好，因而现在服装生产中大都采用车缝工艺。对于初学服装缝制工艺者来说，精通车缝工艺要领，掌握车缝工艺技巧是十分重要的。

一、平车认识

当你坐在平车面前时，一个正确的姿势极为重要，因长时间采用不正确的坐姿，容易产生身体疲劳，下面告诉你如何保持正确的姿势：

1. 椅子高度

你的椅子不应该过高或者过低，当你坐下时脚底平放地面，而大腿部分能保持水平，才是最适当的坐姿。

2. 成衣桌面高度

平车桌面的高度也应该适当，当你坐下手臂下垂时，左面的高度与手肘关节平齐。

3. 压脚靠板高度

一般平车压脚板上下动作，用手操作板外，均有膝动压脚靠板装置，它的位置适当与否会影响工作效率，当你确定椅子和桌面高度后，它的正确位置是在你的右膝外侧部分。

4. 车缝人员坐姿及手脚放置

（1）坐姿自然，挺直平稳，坐椅子2/3处，坐时鼻子中心对正针柱。
（2）五指自然并拢，两手平放在正前方，左手在前，右手在后（视其工作时而定）。
（3）右脚在前，左脚在后，启动时踏右脚，停止时踏左脚。当用力向前踏下脚踏板，则平车高速车缝；当向后踏下脚踏板，则平车停止车缝；双脚轻轻踏在平车脚踏板上，则平车慢速车缝；当用力向后踏下脚踏板，平车便自动切线（有此功能的平车）。
（4）手、眼、脚的配合。当你车缝之时，需要用脚来控制脚踏板，用手控制布料，用眼观察车缝正确位置，这三部分必须完全配合，不然你无法把握何时何处转弯车缝。转弯时应慢缝或停止，这种配合动作几乎发生在同一时间，如果你能完全配合就没有问题了，否则车缝出来的质量一定大有问题，而且产量也一定很低。现在还有一个关键的问题，那就是你在学习并练习车缝时尽量使用最高速度，当然，在某些地方是不可能使用全速车缝，那你就要慢下来，但缝过了困难部分之后，你仍应以最快速度来车缝，这些都急需手、眼、脚高度的配合。

二、基础缝型缝制工艺

将两层裁片缝合后，其分界线就称为缝。裁片净印以外留出的余份叫缝份，又叫缝头。由于服装的面料及式样不同，因此在缝制时，各种缝的缝制方法和留的缝份宽度也就不同。

1. 平缝

平缝又叫合缝，它是车缝工艺的基础。把两层裁片相对，按规定的缝份大小车缝的缝制工艺叫平缝。车缝后两层裁片的缝份向两边分开的叫分开缝。一般的服装，尤其是厚料服装都采用分缝的方法。车缝后两层裁片的缝份向一边倒伏，叫倒缝。见图1-20。

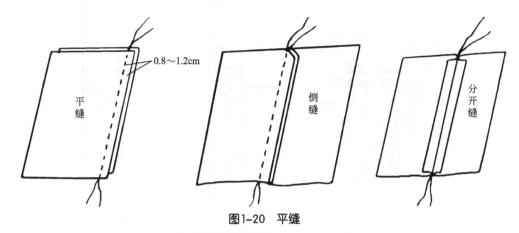

图1-20　平缝

对于初学车缝工艺的人来说，在平缝时常出现下层衣片"吃"，上层衣片"赶"的现象。这是由于下层衣片直接接触缝纫机送布牙，故走得较快，而上层衣片与送布牙不直接接触，它是随着下层衣片的移动而移动，所以受到向前的推动力比下层衣片略小，加之缝纫机压脚对上层衣片的阻力作用，故走得较慢。当车缝一段距离后，就会出现上层衣片长，下层衣片短的现象。为了克服这种弊病，在平缝时，右手稍向后拉抻下层衣片，左手稍向前推送上层衣片，使上下层衣片同步前进。见图1-21。

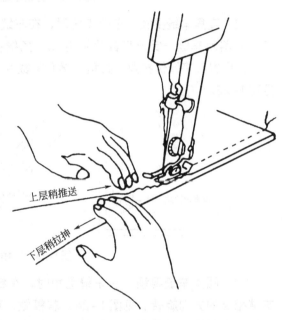

图1-21　平缝操作技法示意图

（1）直线车缝要领　纸（布）上作业，由上而下车在印线上，保持不偏斜。开始时可较慢，之后越车越快，不断练习，按规定的标准完成。

在缝份较小时，车缝时可以压脚为基准。一般机针到压脚左右边缘的距离为0.6cm，如缝份为0.6cm宽，车缝时要将压脚边缘与裁片边缘对齐，车缝出来缝份的宽度就是0.6cm；若缝份宽度为1cm，那就将压脚边缘放在距裁片边缘0.4cm的位置上车缝即可。如缝份过大，可在针杆上安装一个能任意调节距离的定规，车缝时只要按缝份的大小调整好定规与机针的距离即可。见图1-22①。

车缝厚料时，若压脚两边布料厚薄不同，可在布料较薄一侧的压脚下面垫上一张类似贺年卡厚度的厚纸，使整个压脚成为水平状态，这样车缝起来既可防止线迹偏斜，又可防止机针两侧布料因受到的压力不同而绞劲。见图1-22②。

如用单针平缝机在面料上车缝双明线，第二道车缝线的方向应与第一道车缝线的方向相同，以防两条车缝线间的布料绞劲。见图1-22③。

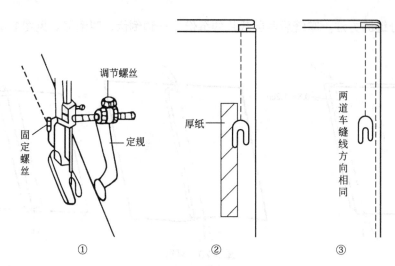

图1-22　直线车缝操作要领示意图

（2）直角车缝要领　车缝直角时，在车缝到距直角顶端一针时停针，然后将裁片旋转45°角斜着车缝一针再将裁片旋转45°角继续车缝到头。车缝后将直角缝份剪掉一小部分，并用熨斗将缝份扣烫成直角，然后将裁片正面翻出，用这种方法缝制出的直角才规范。见图1-23。

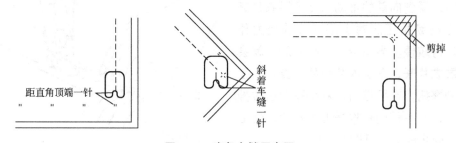

图1-23　直角车缝示意图

（3）圆角车缝要领　在车缝圆角时，车缝速度要适当放慢，用左手将被车缝物向与车缝相反的方向旋转。见图1-24。若精做，可将一张厚纸的一角剪成所需要的弧度，垫在被缝布料净印处，再沿厚纸的边缘车缝。用这种方法车缝出来的线迹则非常规范。见图1-25。

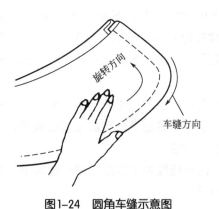

图1-24　圆角车缝示意图

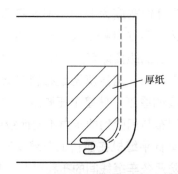

图1-25　车缝线迹的衔接要领示意图

（4）车缝线迹的衔接要领 如果车缝时线迹断开，如与原来的线迹重合车缝又怕影响线迹美观，可将机针放在距第一次车缝线迹断线处一针远的地方重新起针，然后将两次缝线的尾端与首端分别用手针引到布料的反面，再将两端的缝线系结，这样正面的两条线迹就浑然一体了。见图1-26。

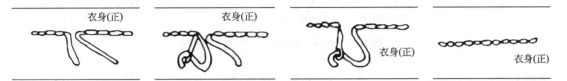

图1-26　线迹衔接示意图

（5）省的车缝要领 省的造型与定位是根据人的体形及服装款式等因素而确定的。通过省的车缝可以使服装的平面裁片产生立体感，以适合人体凹凸形状的需要。

车缝省的要求是，省尖处线迹要顺直。车缝后省尖处要留出适当长度的线头，用手将线头系两个结，最后将线头剪成1cm长。按照这种方法车缝出来的省，熨烫后服装正面呈现的省缝才美观。不要在省尖处车缝来回针或车缝成小圆角，否则在服装正面省尖处易出现小酒窝，影响服装的外观。见图1-27。

2. 克缝

又称扣压缝。先将缝料按规定的缝份扣倒烫平，再把它按规定的位置组装，缉上0.1cm的明线。见图1-28常见于男裤的侧缝，衬衫的覆肩、贴袋等部位。见图1-28。

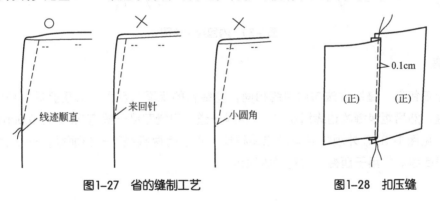

图1-27　省的缝制工艺　　　　图1-28　扣压缝

3. 勾压缝

将两层裁片正面相对，先用平缝缝制工艺将其缝合，然后将裁片正面翻出，并在其正面车缝明线的缝制工艺叫做勾压缝。勾压缝多用于袋盖、领子、袖头、止口等缝制工艺。图1-29是用勾压缝缝制衬衣上领的示意图。

4. 内包缝

又称反包缝。将缝料的正面相对重叠，在反面按包缝宽度做成包缝。缉线时缉在包缝的宽度边缘。包缝的宽窄是以正面的缝迹宽度为依据，有0.4cm、0.6cm、0.8cm、1.2cm等，

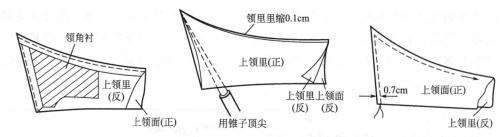

图1-29 勾压缝缝制衬衣上领的示意图

见图1-30，内包缝的特点是正面可见一根线，反面是两根底线。常用于自缝、侧缝、袖缝等部位。

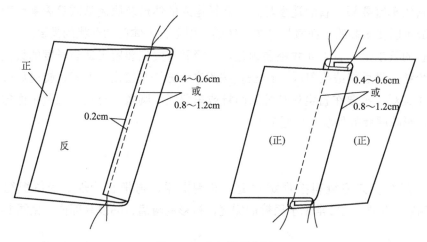

图1-30 内包缝示意图

5. 外包缝

又称正包缝。缝制方法与内包缝相同，将缝料的反面与反面相对重叠后，按包缝宽度做成包缝，然后距包缝的边缘缉0.11cm明线一道，包缝宽度一般有0.5cm、0.6cm、0.7cm等多种，见图1-31，外观特点与内包缝相反，正面有两根线（一根面线，一根底线），反面是一根底线。常用于西裤、夹克衫等服装中。

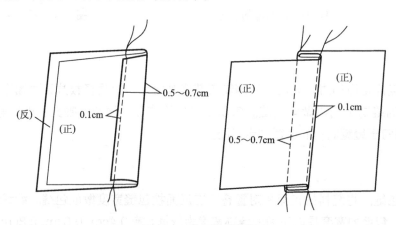

图1-31 外包缝示意图

6. 镶压缝

镶压缝又叫包接缝、漏落缝。镶里压面或镶面压里的缝制工艺都叫镶压缝。它多用于绱领子、绱袖头、绱腰头等缝制工艺。绱领多采用镶里压面的缝制工艺，缝制时先将领里与衣身正面相对车缝一道线将领子与衣身、挂面缝合。打完剪口后，将领面下口缝份折光，再将领面翻转到衣身反面，将衣身缝份夹在领里与领面中间，再沿领面下口车缝一道明线。见图1-32。

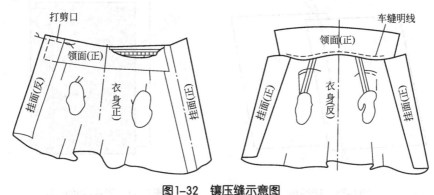

图1-32　镶压缝示意图

7. 来去缝

来去缝缝制工艺是先将两层裁片反面相对，按0.3cm的缝份车缝一道线。然后再将其正面相对，按0.5cm的缝份再车缝一道线，将第一道车缝线的缝份毛边包住，再将两层裁片展平，被包住的缝份向一边折倒。它多用于薄料织物，如女衬衫等。见图1-33。

8. 劈压缝

将两层裁片正面相对车缝一道线，然后再将其中一层裁片的缝份折倒，在折倒的缝份上沿缝0.1cm宽处车缝一道线，这种缝制工艺叫劈压缝。此种缝制工艺多用于裤子的后裤缝、下裆缝等处，起加固作用。见图1-34。

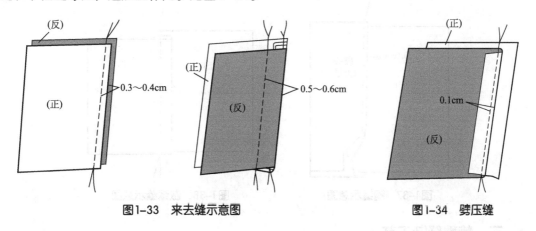

图1-33　来去缝示意图　　　　图1-34　劈压缝

9. 搭接缝

将两层裁片的边缘相互重合0.8cm，在重合部分的1/2处车缝一道线，此种缝制工艺叫搭接缝。它只适用于拼接毛料服装的衬布。见图1-35。

10. 滚包缝

只需一次缝合，并将两片缝份的毛茬均包干净的缝型，见图1-36，既省工又省线，适宜于薄料服装。

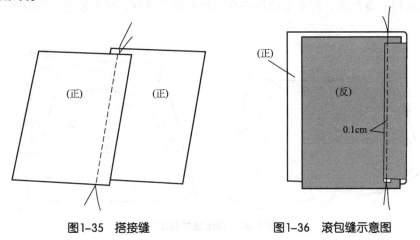

图1-35　搭接缝　　　　　　　　　图1-36　滚包缝示意图

11. 闷缝

将一块缝料折烫成双层（布边先折烫光），下层比上层宽0.1cm，再将包缝料塞进双层缝料中，一次成型，见图1-37。常用于缝制裙、裤的腰或袖克夫等需一次成缝的部位。缝制时注意边车缝，边用镊子略推上层缝料，保持上下层松紧一致。

12. 做缉缝

先平缝，再将缝份朝一边坐倒，烫平后在坐倒的缝份上缉明线，见图1-38。常用于夹克、休闲类衬衣等服装的拼接缝，其主要作用一是加固，二是固定缝份，三是装饰。

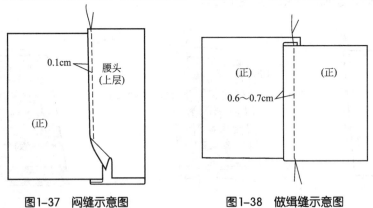

图1-37　闷缝示意图　　　　　　　图1-38　做缉缝示意图

🪡 三、特殊缝制工艺

滚、嵌、镶、宕是我国传统工艺，是女装、童装的装饰缝制工艺的一种。常见于睡衣、衬裤、中式便服、丝绸服装。

1. 滚

亦称滚边。既是处理衣片边缘的一种方法，也是一种装饰工艺。滚边按宽窄、形状分，有细香滚、窄滚、宽滚、单滚、双滚等多种；按滚条所用的材料及颜色分，有本色本料滚、本色异料滚、镶色滚等；按缉缝层数分，有二层滚、三层滚、四层滚等。

滚边具体步骤见图1-39。

（1）将衬里织物剪成3.2cm宽的斜丝，见图1-39①。

（2）使斜丝与做缝边缘对齐，缝制0.6cm缝份一道，缝制时稍稍拉近斜条。

（3）把厚实织物的毛缝修剪至0.3cm，轻薄织物则不需要修剪，见图1-39②。

（4）将斜条向反面压烫盖住做缝的裁剪边缘，再将斜丝向内侧折包住裁剪边缘，见图1-39③。

（5）在沟里缝制（斜条和织物缝在一起所形成的凹槽），这一线迹在织物正面不明显，却能扣住下方的斜条裁剪边缘，轻轻压烫，见图1-39④。

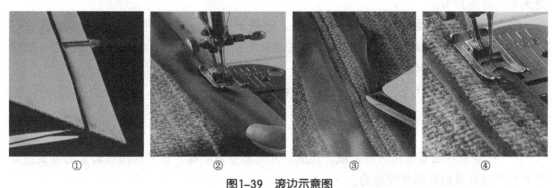

①　　　　　　②　　　　　　③　　　　　　④

图1-39　滚边示意图

2. 嵌

嵌线，是处理装饰服装边缘的一种工艺，嵌线按缝装的部位分，有外嵌、里嵌等。

（1）外嵌　装在领、门襟、袖口等止口外面的嵌线，是应用最普遍的。

（2）里嵌　是嵌在滚边、镶边、压条等里口或两块拼缝之间的嵌线。

（3）扁嵌　指嵌线内不衬线绳，因而呈扁形的嵌线。

（4）圆嵌　指嵌线内衬有线绳，因而呈圆形的嵌线。

（5）本色本料嵌　用本身面料做嵌线。

（6）本色异料嵌　用与面料颜色相同的其他材料做嵌线。

（7）镶色嵌　用与面料颜色不同的同样材料或其他材料做嵌线。大都按主花镶色配嵌线、使泽协调。

3. 镶

主要指镶边与镶条。镶边，从表面看，有时与滚边无异，主要区别是滚边包住，而镶边则与面料对拼，或在中间镶一条，即嵌镶。或夹在面料的边缘缝份上，即夹镶。

4. 宕

即宕条。指服装止口里侧衣身上的装饰布条。宕条的做法有单层宕、双层宕、无明线宕、一边明线宕、两边明线宕等。式样上有窄宕、宽宕、单宕、双宕、三宕、宽窄者、滚宕等多种。宕条的颜色一般为镶色，也可以同时用几种颜色。

（1）单层宕　先将宕条的一边扣光后，按造型的宽窄缉在面料上，然后驳转。

（2）双层宕　先将宕条双折，烫好后按原来的宽窄缉在面料上，然后驳转。

（3）无明线宕　第一道车缝后反转过来缉，再用手工缲，两边均无明线可见。

（4）一边明线宕　第一道车缝反过来缉，驳转宕条后采用明缉，在宕条一边产生明线；一段缉明线的一边在里口。

5. 缉花

缉花是丝绸服装上常用的一种装饰性工艺。一般有云花、人字花、方块花、散花、如意花等图案。缉花时，在原料下面需垫衬棉花及皮纸，亦可以用衬布代替，需缉花的领子、克夫可不再用衬布。

（1）云花　因花形像乱云，故称云头花。常用于衣领、口袋、袖口等部位的装饰。

（2）缉字　将字画在纸上，再将纸覆在衣料上按照字形缉线，缉线后将纸扯去，常用于前胸、背部等部位的装饰。

（3）如意花　常用于门襟、开衩等部位的缉线装饰。

思考与练习

1. 按要求在纸或布上进行直线、弧线、几何形空缉训练，也可采用做鞋垫的方式提高学员对弧形缝缉的熟练掌握能力。

2. 将所示图例放大到八开纸上进行带线缝缉训练，按所给评分标准打分，练到合格为止。

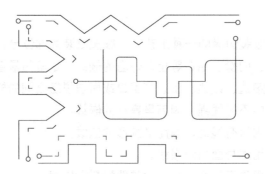

操作要求：

① 针距：13 ~ 16针/3cm。

② 两线间距0.6cm。

③ 操作时间：A级：5分钟；B级：7分钟；C级：10分钟。

④ 缝迹每超出线印一处扣5分；缝迹平直度与圆顺度不符合要求，每处扣5分；倒回针不符合要求，每处扣5分；时间每超过半分钟扣10分；针距不对扣10分；C级以下为不合格。

任务三 服装熨烫工艺

熨烫在服装缝制工艺中起着重要的作用。从衣料整理开始，穿插手缝、机缝制工艺的全过程，到最后的成品整型，都需施用熨烫工艺，因而素有"三分做工、七分烫工"之说，虽不一定确切，却可见其重要性，而且越是高档产品，越显现其质量与外观的工艺效果。

熨烫的操作技艺看起来简单，实际上是一种技术性较强的工序，要求操作者具有较高的工艺技巧。不同的产品品种、不同的服装部位及部件需施用不同的熨烫技法以达到不同要求的工艺效果。

✲ 一、熨烫的作用和分类

服装要表现人体曲线，首先是通过结构设计，在衣片上采用局部收省（或褶裥）的方法。由于服装整体造型在外观上有一定要求、不能按照人体各部位的外形收省，尤其是西服、中山服等一些传统款式的服装，对收省部位都有严格的规定，不能随意变动或增减，所以在衣片上收省仅是表现人体曲线的一种手段，仍有很大的局限性，还不符合整体造型的要求，这就要借助熨烫定型来解决。比如，裤子的后片，没有经过熨烫时，沿挺缝线折叠后，臀部与裤口成为一条直线，这样穿在身上显然不合乎人体。熨烫后，臀部突出，穿在身上不仅美观，而且舒适。见图1-40。

烫前　　　　　　　　　　　烫后

图1-40 熨烫效果

熨烫定型在服装加工过程中，主要起下列三方面的作用：

（1）通过喷雾熨烫使衣料得到预缩，并去掉皱痕；

（2）经过熨烫定型使服装外形平整，褶裥和线条挺直；

（3）利用纺织纤维的可塑性，适当改变纺织纤维的伸缩度与织物经纬组织的密度和方向，塑造服装的立体造型，以适应人体体形与活动状况的要求，达到服装外形美观、穿着舒适的目的。

熨烫按其在制衣工艺流程中的作用可分为：产前熨烫、黏合熨烫、中间熨烫和成品熨烫。产前熨烫是在裁剪之前对服装的面料或里料进行的预处理，以使服装面料或里料获得一定的热缩并去掉皱褶，以保证裁剪衣片的质量。黏合熨烫是对需用黏合衬的衣片进行黏合处理，一般在裁片编号之后进行。使用黏合衬既简化了做衬、敷衬工序，又使缝制的服装挺括、不变形。中间熨烫包括部件熨烫、分缝熨烫和归拔熨烫，一般在缝纫工序之间进行。部件熨烫是对衣片边沿的扣缝、领子、口袋以及克夫等部件的定型熨烫；分缝熨烫是用于烫开、烫平连接缝，劈如省绕、侧缝、背缝、肩缝以及袖缝等；归拔熨烫则是使平面衣片塑型成三维立体，如前衣片的推门、后衣片的归拔以及裤子的拔裆等都是运用归拔熨烫。中间熨烫虽然介于缝纫工序之间，是在服装的某一个部位进行的，但它却是构成服装总体造型的关键，对于服装的质量起着重要的作用。成品熨烫又称整烫。它是对缝制完成的服装做最后的定型和保型处理，并兼有成品检验和整理的功能。

二、熨烫工艺的基本原理

熨烫工艺之所以能对衣料、衣片起熨平、烫折、塑型的作用，是由于织物纤维原料的性质，尤其是其机械性能所决定的。织物（纤维、纱线）在外力的作用下，产生三部分变形，即急弹性变形、缓弹性变形和塑性变形。外力小，次数少，主要是前两者的弹性变形；外力大，次数多，使织物呈现"疲老"现象，则弹性变形减小而塑性变形增加，甚至断裂、破损。温度和湿度对织物受外力的变形有较大影响。湿度会使织物的纤维恢复原状并影响强力，温度则会使纤维分子的热振动能力增强，分子间的联系减弱，因而越热则强力越低。

熨烫就是根据织物的这一性能，使用熨烫设备，造成三种织物的变形，改变织物组织的经纬纱线排列的密度，重新定型，使皱面熨平，平面烫折。

三、熨烫工艺的基本条件

1. 压力

这是造成织物弹性变形和塑性变形的首要外力条件。熨烫时施加的压力不同，达到的熨烫效果（即变形程度）也不同。当然，并非压力越大越好。衣料的质地和成衣结构、工艺的不同，决定着熨烫压力的大小。

2. 温度

一般来说，温度高，织物易于变形。但是，不同的织物纤维，各有其不同的理化性能，因而决定了它们承受温度的能力也不尽相同。超过限度会烫坏衣料，故必须准确控制熨烫温度。见常见织物熨烫温度一览表。

常见织物熨烫温度一览表

织　　物	熨烫温度	织　　物	熨烫温度
毛织物（薄呢）	120℃	涤纶织物	130℃
毛织物（厚呢）	200℃	锦纶织物	100℃
棉织物	160～180℃	涤棉或涤黏混纺织物	150℃
丝织物	120℃	涤毛混纺织物	150℃
麻织物	100℃以下	维棉混纺织物	100℃（宜干烫）
涤腈混纺织物	140℃	化纤仿丝绸	130℃

3. 湿度

织物纤维，尤其是天然纤维和人造纤维在湿态中易于膨胀，恢复原状（弯曲等），在热蒸汽渗透时，受到压力的作用容易变形。随着水分的蒸发，衣料烫干，即可达到塑变的目的。有时干烫也能收到一定的效果，这是因为织物在常态下有一定的吸湿能力，含有部分水分。织物的吸湿能力不等，熨烫给水量亦应有所区别。

四、熨烫工具

主要的熨烫工具有如下几种：

1. 熨斗（见图1-41）

现普遍使用的是电熨斗，有普通的和自动调温两种。功率为300W、500W、700W、1000W等多种，还有重力、体积大小的区别。另有蒸汽熨斗和附加喷水装置的熨斗，集重力（压力）、温度、湿度三个基本条件于一体，使用更为便捷。

图1-41　普通熨斗

2. 工作台

即通常所说的案板。一般缝制车间为案工兼用，烫成品车间则为专用。

3. 垫呢

即称垫布、烫布。用厚的旧毛毡或棉毯铺于工作台面，上敷去浆的棉质白布或衬布。

4. 烫板（见图1-42）

是由长方木块做成两侧低、中间拱起成弓形的烫具，故又称弓形烫板，用以分烫外袖缝等弧形衣缝部位，也用在高档上衣"推门"、烫衬等工艺时做挡护胸等凸弧部位之需。

图1-42　烫板

5. 凳型垫具（见图1-43）

有铁（或木）质的小圆面高脚凳，俗称"小铁凳"，还有木质的较长圆面的前后无支脚的烫具，因略呈马形面，称马凳，上面皆敷有絮棉，并包布。前者用于肩、领、裆等较小部位，后者用于套进袖筒、裤腿等较长部位，做下垫、下烫之用。

6. 馒形垫具（见图1-44）

用布制的、内填锯末类似馒头的垫具。有小长圆形，大长

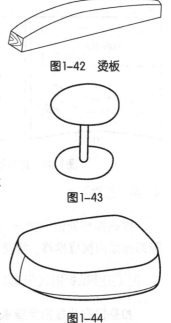

图1-43

图1-44

圆形，细长圆形（两端一宽一窄），俗称小、大袖形"馒头"，用以垫烫各弧面部位的。

五、熨烫工艺的基本技法

服装工艺施用烫工时，要根据衣料质地和衣片部位所处体表部位和服装款式、造型、结构、产品档次的不同要求，运用不同的技法。熨烫的一般操作方法：一只手提拿熨斗，用其底面触烫工作物，另一只手则用于对工作物做些辅助工作，视需要亦可两手交替操作。共有熨、归、拔、推、扣、分、压、起八种基本技法，现分述如下：

1. 熨（平烫）（见图1-45）

熨是用熨斗在铺平的衣料、衣片上平烫。这是烫工中最基本的技法，用途最为广泛。

2. 归（归拢）（见图1-46）

归是把预定部位挤拢归缩，一般由里面做弧形运行的熨烫，逐步向外缩烫至外侧（缩量新增）压实定型，造成衣片外侧因纱线排列的密度增加而缩短，从而形成外凹、里凸的对比的弧面变形。如归拔前襟胸段，袖窿外边，使胸面凸起等。

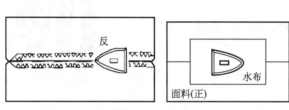

图1-45

图1-46 归拔示意图

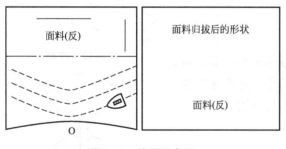

图1-47 拔开示意图

3. 拔（拔开）（见图1-47）

与归拢相反，拔是把预定的部位拉伸拔开。一般是由外边做倒弧形运行的拔烫，造成衣片外侧因纱线排列的密度减小而增长，从而形成表面呈纵向的中凹形变。如拔烫摆缝腰部，使侧腰形成吸腰型等。

4. 推（推烫）

推是推移变位的技法，属配合归或拔向定位推移的过渡性烫法。如归缩袖窿外边，需随即逐渐向胸峰推移。推烫的操作是随同归或拔的相应配合动作。

5. 扣（扣倒或折扣）（见图1-48和图1-49）

扣是把衣片按预定要求双折或一边折倒而扣压熨烫定型。一般是一手折扣，一手烫压，

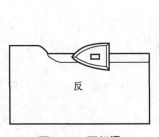

从折边外口向内归扣

硬纸

反

图1-48 平扣烫　　　　图1-49 缩扣烫

使用亦较多。如扣烫底摆、袖口、裤口，折烫各处倒褶、对褶，扣翻各衣襟、领子止口及部件的翻边、各衣缝、省缝、拼缝等，凡是倒缝的都用扣烫技法。

6. 分（分烫）

专用于服装中的分缝。一般也是一手分开缝子，一手用熨烫设备熨烫；并把熨斗前中对向缝中，边劈开缝子，边用熨斗烫压定型。

7. 压（压烫）

压是加力压实的技法，主要用于较厚毛呢料产品，尤其是对构层较多的各边角部位，更需用熨斗加力压实、压薄。

8. 起（起烫）

起烫是专对衣表出现水花、亮光、烙印或绒毛倒伏，进行调整复原时使用的技法。一般先覆一块含水量较多的湿布，再用熨斗轻烫，但不压，这样做是让水蒸气渗入衣内，并辅之以擦动，使织物纤维恢复原态，使面绒耸起，从而达到衣表恢复或接近原状的效果。

这几种熨烫工艺的基本技法，操作上各有特点，一般都是几种并用、互为补充。平缝可结合多种技法，运用于各个方面。归缩与拔伸，既是截然相反，又互为转化，并通过推烫达到完满效果。压烫与起烫，往往是既矛盾又互补的关系。这些都需要在不断的实践中逐步体会和认识。

思考与练习

第一模块　理论知识

1. 装饰工艺针法在服装中的作用是什么？
2. 怎样绷杨树花针？
3. 怎样做包扣、葡萄扣？
4. 怎样打蝴蝶结、补花？

第二模块　技能测试

利用所学针法，创造性地进行手绢、书包、手提包的花型设计和绣制。

项目二
西服裙缝制工艺

XIFUQUN FENGZHI GONGYI

实训目的

　　了解和掌握西服裙的工艺流程和西装裙工艺标准；掌握相应的零部件的缝纫技巧及用途；能熟练进行西服裙变化款式的制作。

重难点分析

　　重点：西装裙缝制工艺

　　难点：后开衩、装腰、装拉链工艺

服装成衣工艺

案例导入

生产指示书，又称生产任务通知单，是服装企业计划部门根据客户订货单或自产自销的计划下达给生产部门，生产部门根据生产任务通知单安排生产任务。

其格式各个服装企业可以自己拟定。内容服装名称、数量、款式代号、规格及各种规格数量、原辅料名称及使用范围、包装要求、交货日期等。

下面是仿照××××服饰有限责任公司生产任务书设计的西装裙生产任务书，要求学生参照生产任务书上的有关信息，制定出样衣设计任务书，并按照任务书中M号样衣的规格完成样衣试制任务。

（一）生产指示书

××××服饰有限责任公司

内/外销合约 内销					编号 2008-W-502			
品名	西装裙				交货期		2008年6月10日	
品号					生产量		680（件）	
订货责任人	范守义				款式图及面料小样			
面料颜色	里料颜色	规格				数量（件）		
面料颜色	里料颜色	S	M	L	XL	数量（件）		
黑	黑	50	50	30	40	170		
灰	灰	50	50	30	40	170		
紫色	紫色	50	50	30	40	170		
深蓝	深蓝	50	50	30	40	170		
生产厂家	××××服饰有限责任公司	样板负责人		李明	设计负责人		王晓蕾	
生产负责人	张红	生产管理负责人		李明	素材输入日期		2008年4月12日	

（二）设计任务书

编号：2008-W-502   编制单位：××××服饰有限责任公司

款式编号	XZQ-2008-W321		号型		160/84A
主体部位（单位cm）	净尺寸	成品尺寸	小部位（单位cm）	净尺寸	成品尺寸
裙长		70	拉链长		17
腰围		72			
臀围		96			
下摆		88			
			腰头	长	75.5
			腰头	宽	3.5
			开衩	长	24.2
			开衩	宽	4
面料编号	MD-1325		面料成分		毛涤
里料编号	YS-260		里料成分		斜纹里子绸
辅料		黏合衬、腰头里、拉链、扣1粒、挂钩1副			

		款式设计	王晓蕾	日期
		样板	李明	2008.04.13
		样衣	肖静	2008.04.15
		推板	赵平	2008.04.17
		复合	纪晓	2008.04.17

款式说明：

装腰式直裙，前后片各设省两个，后中设纵向分割线，上端装拉链，下端开衩，装裙里，裙摆两侧略收。

编制时间：2008.04.12

任务一　西服裙开衩及收省工艺

一、裙子后开门绱拉链缝制工艺

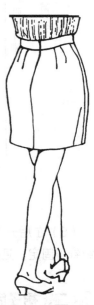

裙子拉链或绱在右侧缝或绱在后中缝（见图2-1）。身材苗条的年轻女性的裙子拉链绱在右侧缝或后中缝皆适宜；而胖体型或臀围与腰围相差较大的女性的裙子拉链若绱在侧缝处，开闭时就不太方便，所以绱在后中缝为宜。现介绍后中缝绱拉链的缝制工艺。

（1）后开门长度比拉链长度短1cm。缝制时首先在左右后裙片反面的缝份上粘一长条无纺衬。然后将左右后裙片正面相对，在开门处用大针码车缝，开门止点以下用普通针码车缝，开门止点车缝来回针。见图2-2①。

（2）将右后裙片缝份沿车缝线向反面折转扣烫，左后裙片的缝份扣烫后比车缝线吐出0.3cm，止点以下吐出的部分逐渐变窄。见图2-2②。

（3）将拉链正面向上放在裙片下面，将左后裙片吐出的缝份与拉链左半部车缝固定，缝份折边距拉链中心开闭处0.7cm，车缝线距缝份折边0.1cm。见图2-2③。

图2-1　裙子拉链绱在右侧或后中缝

（4）将右后裙片向右翻转，再使其正面向上，然后平行于后开门线车缝一道1~1.2cm宽的明线，止点处横向车缝来回针封结。最后将大针码线拆掉。见图2-2④。

（5）将拉链左右边缘分别与裙片缝份车缝固定，拉链下端用手针明缲固定。见图2-2⑤。

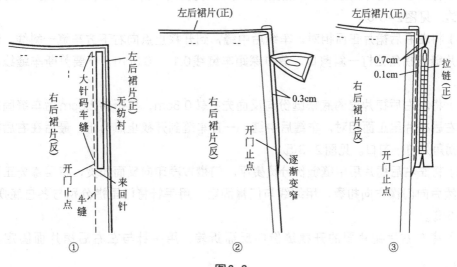

图2-2

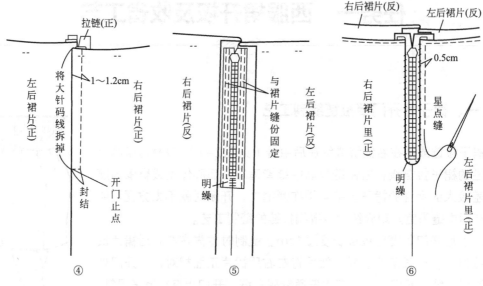

图2-2　西服裙绱拉链示意图

（6）在后开门处将左右后裙片里的缝份折光，用手针明缲在拉链上，周围用星点缝（绗针）固定。见图2-2⑥。

二、裙子后开衩缝制工艺

（1）左右后裙片后中缝各留2cm缝份。右后裙片门襟净宽3cm（此裙开衩为右压左），缝份1cm；左后裙片里襟净宽为门襟净宽的1倍，再留1cm的缝份。左右后裙片底摆均留2cm缝份。见图2-3①。

（2）左右后裙片里的后中缝各留3cm缝份，左后裙片里开衩处与底摆各留1cm缝份；右后裙片里如图示尺寸剪掉1cm缝份。见图2-3②。

（3）将左右后裙片反面向上，底摆处多余缝份剪掉，在门、里襟反面各粘一层无纺衬，然后锁边。见图2-3③。

（4）将左右后裙片正面相对，车缝后中缝，到开衩止点向右下方车缝一斜线。然后在左后裙片缝份拐角处打一斜剪口，剪口深距车缝线0.1～0.3cm，不要剪断车缝线。见图2-3④。

（5）将左右后裙片里的底摆缝份向反面先折转0.5cm，再折转2.5cm后车缝固定。然后将左右后裙片里正面相对，车缝后中缝，一直车缝到开衩止点为止，最后在右后裙片里的缝份拐角处打一剪口。见图2-3⑤。

（6）将左右后裙片后中缝缝份分烫熨平。门襟按净印向反面扣烫，将里襟先正面对折烫平，然后向门襟方向扣烫，用缲线与门襟固定。用手针将门里襟分别与各自底摆固定。见图2-3⑥。

（7）将左右后裙片里的开衩缝份向反面折转，用手针与左右后裙片面固定。见图2-3⑦。

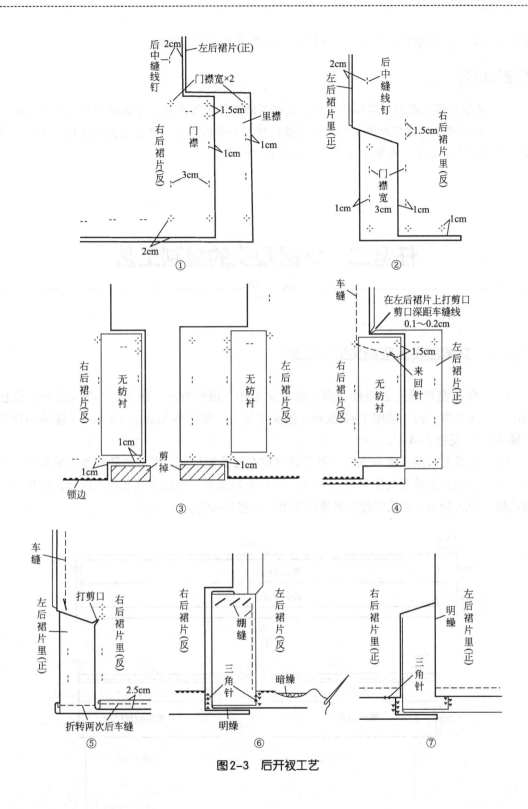

图2-3 后开衩工艺

🎀 三、缝合省道的方法

先用倒回针固定，然后再把省道的尖端稍微弯曲地缝合。前端要自然组合成和布料的纱向为一条线。车缝后，把底、面线留出5cm左右的长度，再打结固定。

思考与练习

　　1．考核内容：在所述零部件款式中任取两款进行限时考核，以测试学员的掌握程度。

　　2．相关要求：考核时间应适中；考核的重点是零部件的制作方法是否正确及制作的质量；评分标准要细化；考核后应及时进行针对性点评。

任务二　女裙腰头的缝制工艺

一、女裙腰头的宝剑头缝制工艺

　　（1）腰头面与腰头里连裁，腰头面净宽4cm，缝份1cm；腰头里净宽4.5cm，缝份2cm。腰头长为：W（腰围）+3.5cm（腰头前裙片一侧搭头加缝份）+1cm（腰头后裙片一侧缝份）。见图2-4①。

　　（2）车缝前按腰头面净宽裁一条无纺衬粘在腰头面反面，然后将腰头面与裙片正面相对，腰口处腰头面缝份与裙片缝份对齐，腰头面前裙片一侧比裙片长出3.5cm，后裙片一侧比裙片长出1cm，然后按腰头面净印车缝。见图2-4②。

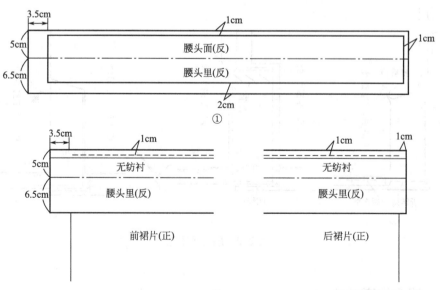

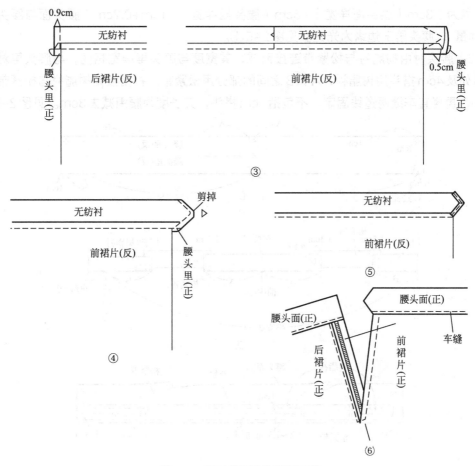

图2-4 宝剑头腰头的缝制工艺

（3）将腰头里2cm缝份向其反面折转，再将腰头里与腰头面正面相对。在腰头面前裙片一侧车缝宝剑头的两条等腰边，宝剑头高2.5cm。后裙片一侧沿净印向外0.1cm厘米车缝直线。见图2-4③。

（4）将宝剑头等腰边缝份剪成1cm，剑头顶端缝份再剪掉一小角。见图2-4④。

（5）将宝剑头缝份沿车缝线向腰头面折转后扣烫，裙片一侧缝份也沿车缝线向腰头面折转扣烫。见图2-4⑤。

（6）将腰头面与腰头里正面翻出，裙腰口缝份夹在腰头面与腰头里中间，沿腰头面下口车缝0.1cm宽明线。待裙子制成后，在宝剑头上锁眼，在后裙片拉链上面的腰头面上钉扣。对于初学缝纫者，车缝前最好先将腰头面与腰头里用手针绷缝固定，防止车缝时腰头面与腰头里扭劲。见图2-4⑥。

二、腰头装松紧带缝制工艺（见图2-5）

裙子款式千姿百态，变化无穷。腰头装上松紧带穿着既美观又简便。此种腰头的缝制工艺介绍如下。

（1）腰头里与腰头面连裁，其长为：{1/2W（腰围）+C（松量）}×2+1cm（缝份）

×2，宽为：3cm（腰头面净宽）+3cm（腰头里净宽）+1cm+0.2cm（腰头面与腰头里折叠耗损量），腰头里下边缘为光边。见图2-5①。

（2）腰头衬由树脂衬与松紧带连接而成，其宽度与腰头里净宽相同，与腰头里对应的A和B处及4cm搭头用树脂衬，A和B之间的部分用松紧带。在衔接处树脂衬与松紧带重叠1.5cm，再竖直车缝两道线固定。不包括4cm搭头，其长度为腰围减去3cm。见图2-5②。

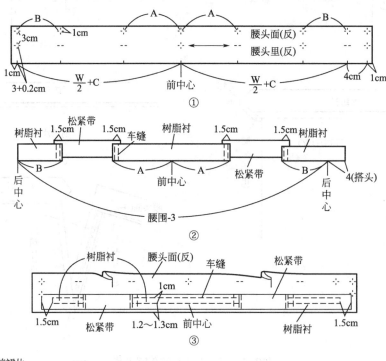

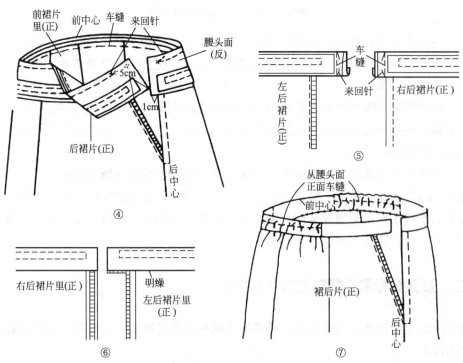

图2-5 腰头装松紧带缝制工艺

（3）将腰头衬按对应位置放在腰头里的反面（前中心标记要对准），然后在树脂衬上车缝两道线与腰头里固定。见图2-5③。

（4）将腰头面与裙片正面相对，缝份对齐按净印车缝。车缝时腰头左侧长出5cm，右侧长出1cm。见图2-5④。

（5）将腰头里与腰头面正面相对，腰头两头各按1cm缝份车缝，然后将缝份按车缝线分别向腰头面反面折转。见图2-5⑤。

（6）将腰头里与腰头面正面翻出，裙腰口缝份夹在腰头面与腰头里之间，用手针将腰头里边缘与后裙片里明缲固定。见图2-5⑥。

（7）在装有松紧带的部位，从腰头面正面车缝一道明线，车缝时要把松紧带处抻平。见图2-5⑦。

思考与练习

1．考核内容：在所述零部件款式中任取两款进行限时考核，以测试学员的掌握程度。

2．相关要求：考核时间应适中；考核的重点是零部件的制作方法是否正确及制作的质量；评分标准要细化；考核后应及时进行针对性点评。

任务三　女裙成品制作工艺

西服裙是女装的主要品种，前身有折裥，侧身开门、装拉链、绱腰头。西服裙虽然款式简练，但其制作工艺基本上包括了一般裙子的制作要点，因此，它也是裙子制作工艺的学习重点。

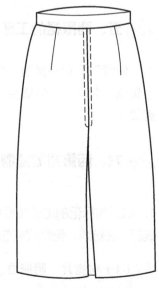

一、西服裙缝制工艺

西服裙前身阴裥，臀围处封三角，右侧开叉装拉链，前腰收两个省，后腰收四个省，装腰头。见图2-6。

二、西服裙的部件及成品规格

1．西服裙部件

前裙片一片，后裙片两片，腰面腰里连口一片，腰衬或黏衬一片，里襟一片，里襟黏衬一片，拉链一根，四件扣或裤钩一副。

图2-6　西服裙款式图

2. 成品规格

单位：cm

腰 围	臀 围	裙 长
66	96	66

3. 小规格（净）

单位：cm

腰面宽	腰里宽	前半腰大	后半腰大	里襟宽
3.5	4.5	17.5	15.5	3
阴裥大	阴裥封口长	右侧开门长	底边贴边宽	
20	27	18	3.5	

三、西服裙的质量要求

（1）腰头宽窄顺直一致，无涟形，腰口不松开。

（2）门里襟长短一致，拉链不能外露，开门下端封口要平服，门里襟不可拉松。

（3）阴裥封口要平服，止口明线要缉顺直，活裥部分不能豁开或搅拢。

（4）整烫要烫平、烫煞，切不可烫黄、烫焦。

四、西服裙缝制中的重点和难点

（1）缉阴裥

（2）装拉链

（3）装腰头

五、西服裙的工艺流程（见图2-7）

做缝制标记→拷边→前后收省→缉裙片阴裥→缝合侧缝、装拉链→做腰头→装腰头→底边绷三角针→整烫。

六、西服裙的缝制

1. 做缝制标记的部位（根据不同面料的需要，选择打线钉、画粉线、剪眼刀等方法做缝制标记）

（1）前裙片：阴裥位、阴裥封口高低、省位、右

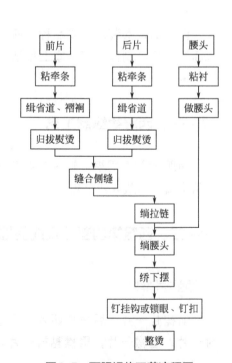

图2-7 西服裙的工艺流程图

侧开门高低、开门贴边、底边贴边。

（2）后裙片：省位、底边贴边。

2. 拷边

（1）前、后裙片除腰节外，其余三边都拷边。

（2）里襟反面粘上薄黏衬，对折后，里口、下口双层一起拷边。

（3）腰头粘好厚黏衬后，做夹里一边下口拷边。如果不用黏衬，在腰夹里一面，三周缉线固定，下口拷边固定。

3. 前后收省

见本项目任务——收省的方法。

4. 缉前裙片阴裥

（1）把前裙片正面向里折转按阴裥位置从腰口开始缉至阴裥开叉处。见图2-8①。

（2）将缉好阴裥的前裙片分开缝两边，定平。盖水布喷水烫平、烫煞后，上部缉明线。见图2-8②③。

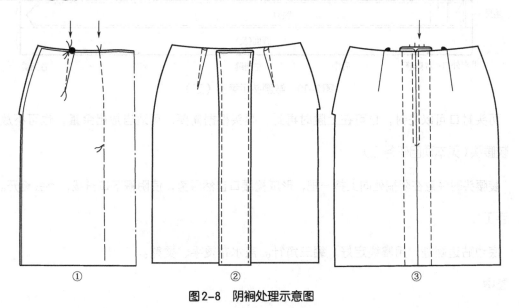

　　①　　　　　　　　②　　　　　　　　③

图2-8　阴裥处理示意图

5. 缝合侧缝、装拉链

（1）右侧缝缉线至开门装拉链封口处，烫分开缝。开门处两边也把缝头扣转烫煞。为防止门襟格还口，可沿贴边线粘牵带一根。

（2）装拉链。在裙片未成圆筒形时先装拉链，可把前、后片分开放平，便于安装。

6. 做腰头

方法一：

腰头反面粘上厚黏衬后，腰里一边的下口拷边。腰面下口做装腰标记。然后反面朝里对折烫平、烫煞。见图2-9。

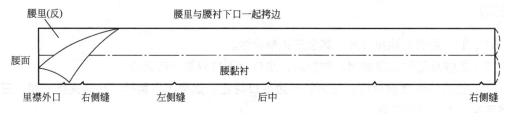

图2-9　做腰头示意图（一）

方法二：

腰面下口做装腰标记。然后反面朝里对折，把腰衬放在腰里反面，腰衬下口与腰里下口放齐。腰衬下口有缝头，其余三面均为净缝。沿腰衬四周缉线，使腰衬固定在腰里上。腰里与腰衬下口拷边。腰面下口做好装腰标记。然后沿腰衬上口反面朝里对折，烫平、烫煞。见图2-10。

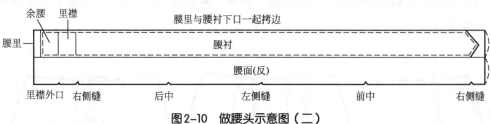

图2-10　做腰头示意图（二）

两头封口可以先封，也可在上腰时再封。腰头根据需要，可适当放出余量，也可不放。

7. 装腰头（见本项目任务二）

装腰头时注意在阴裥处向上拎一把，形成裙腰口自然层势，使阴裥下口拼拢，不会豁开。

8. 手工

底边贴边翻进，用寨线定好，绷三角针。盖水布烫平、烫煞。

9. 整烫

（1）烫平、压薄裙贴边。熨烫时熨斗不要超过贴边宽，以免正面出现贴边印痕。

（2）烫平侧缝、腰省、腰面、腰里。

（3）把裙子阴裥折好、摆平，前后裙片都要烫一遍。正面熨烫均要盖上水布，喷水烫干。熨烫时，要直上直下地烫，不能用熨斗横推。熨斗的走向应与衣料的丝绺一致，以免裙子变形走样。

思考与练习

第一模块 理论知识

1. 写出西装裙的工艺程序。
2. 西装裙的质量要求是什么？
3. 怎样装腰头才能使阴裥服帖不豁？
4. 装拉链时要注意什么？
5. 怎样整烫西服裙？

第二模块 技能测试

西服裙样衣缝制，完成西装裙的缝制并熨烫。

项目三
西裤缝制工艺

XIKU FENGZHI GONGYI

实训目的

　　掌握男女西裤的工艺流程与缝制技巧；能利用所学的缝制技术达到独立完成男女裤装的制作以及检验。

重难点分析

　　重点：男女西裤缝制工艺

　　难点：双嵌线后袋、装腰、装拉链工艺

案例导入

下面是仿照××××服饰有限责任公司生产任务书设计的男西裤生产任务书，要求学生参照生产任务书上的有关信息，制定出样衣设计任务书，并按照任务书中M号样衣的规格完成样衣试制任务。

（一）生产指示书

××××服饰有限责任公司

内/外销合约	内销			编号		2008-N-620	
品名		男西裤			交货期		2008年3月2日
品号					生产量		680（件）
订货责任人		范守义			款式图及面料小样		

面料颜色	里料颜色	规格				数量（件）	款式图及面料小样
		S	M	L	XL		
黑	黑	50	50	30	40	170	
灰	灰	50	50	30	40	170	
紫色	驼色	50	50	30	40	170	
深蓝	深蓝	50	50	30	40	170	

生产厂家	××××服饰有限责任公司	样板负责人	李明	设计负责人	王晓蕾
生产负责人	张红	生产管理负责人	李明	素材输入日期	2012年8月20日

（二）设计任务书

编号：2008-N-628　　　　　　编制单位：××××服饰有限责任公司

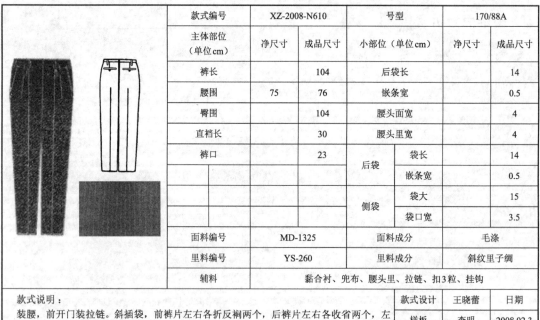

款式编号	XZ-2008-N610		号型		170/88A	
主体部位（单位cm）	净尺寸	成品尺寸	小部位（单位cm）		净尺寸	成品尺寸
裤长		104	后袋长			14
腰围	75	76	嵌条宽			0.5
臀围		104	腰头面宽			4
直裆长		30	腰头里宽			4
裤口		23	后袋	袋长		14
				嵌条宽		0.5
			侧袋	袋大		15
				袋口宽		3.5
面料编号	MD-1325		面料成分		毛涤	
里料编号	YS-260		里料成分		斜纹里子绸	
辅料			黏合衬、兜布、腰头里、拉链、扣3粒、挂钩			

款式说明：

装腰，前开门装拉链。斜插袋，前裤片左右各折反裥两个，后裤片左右各收省两个，左右后片各做双嵌线袋一只。腰头装串带七根，门里襟腰口装四件扣一副，脚口贴边内翻。

款式设计	王晓蕾	日期
样板	李明	2008.02.3
样衣	肖静	2008.02.4
推板	赵平	2008.02.7
复合	纪晓	2008.02.8

编制时间：2008.02.02

服装成衣工艺

任务一　插袋缝制工艺

一、裤前插袋缝制工艺

（1）以前裤片为准裁剪袋布与垫底布。前后袋布连裁，袋布宽17cm，长为腰口到距立裆线1cm距离的两倍。在前袋布上方将袋口部分剪掉。垫底布上边缘与腰口平齐，左侧距袋布边缘0.5cm，右侧与侧缝线对齐。下边缘超过袋口下端点4.5cm。见图3-1①。

（2）将前后袋布展开，后袋布上边缘朝下，将垫底布车缝到后袋布上，再在垫底布上车缝一小贴袋，然后将里侧袋布边缘向袋布反面折转0.7cm。见图3-1②。

（3）将袋布带垫底布的一面与前裤片正面相对，在袋口处将前袋布与前裤片一起车缝，缝份0.5cm，袋口拐弯处打一些小剪口。见图3-1③。

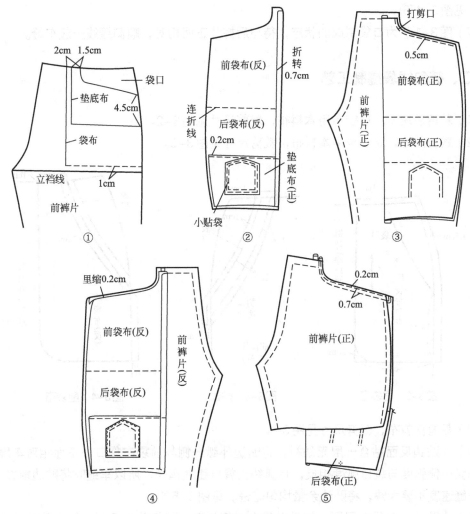

图3-1

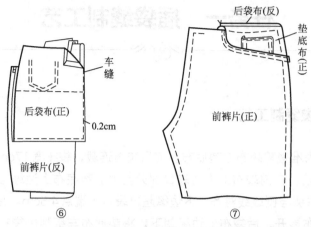

图3-1　裤前插袋缝制工艺示意图

（4）将袋布翻转到前裤片反面，袋口处袋布比裤片里缩0.2cm。见图3-1④。

（5）将裤片正面向上，在袋口处车缝0.2与0.7cm宽双明线。见图3-1⑤。

（6）将裤片反面向上，前后袋布以连折线为准对叠，在袋布右侧与底部车缝0.2cm宽明线。见图3-1⑥。

（7）图3-1⑦为口袋制成的状态，待与后裤片正面相对，顺侧缝线一起车缝。

二、裤斜插袋缝制工艺

（1）裁剪后袋布。后袋布用本料布，裁剪尺寸见图3-2。

（2）裁剪贴边，贴边也用本料布，裁剪尺寸见图3-3。

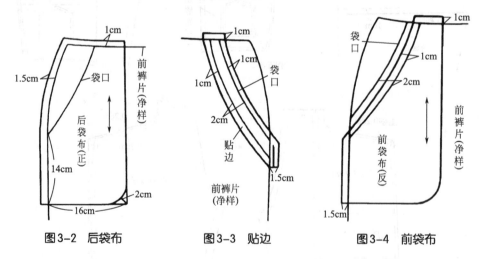

图3-2　后袋布　　　图3-3　贴边　　　图3-4　前袋布

（3）裁剪前袋布，裁剪尺寸见图3-4。

（4）在贴边反面粘合一层无纺衬，将贴边外弧一侧与前袋布袋口处正面相对车缝。因贴边外弧一侧弧度与袋口弧度相反，且弧线比袋口弧线稍长，所以车缝时将贴边放在上层，并且车缝速度不要太快，将贴边余量均匀吃进。见图3-5①。

（5）将贴边与前袋布展平，缝份向袋布一侧扣倒，再将贴边里弧一侧与前裤片袋口处

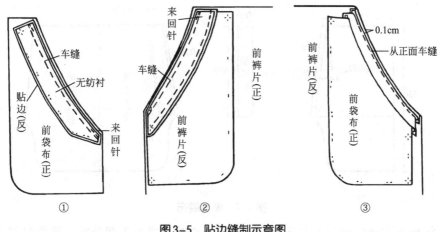

图3-5 贴边缝制示意图

正面相对车缝。见图3-5②。

（6）将贴边与前袋布翻转到前裤片反面，袋口处贴边里缩0.1cm，然后从正面袋口处车0.2cm宽明线，将贴边与裤缝片固定。见图3-5③。

（7）将前后袋布正面相对，袋口与侧缝处将袋布与裤片用绷线固定。然后沿两层袋布边缘车缝两道线（侧缝处不车缝），最后一起锁边。见图3-6①。

（8）将前后裤片正面相对，沿侧缝一起车缝。拆去绷缝线。见图3-6②。

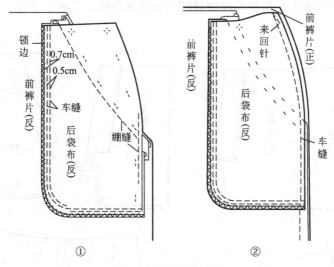

图3-6 斜插袋完成图

三、裤直斜插袋缝制工艺

（1）裁剪袋布与垫底布。前后袋布连裁，裁剪时将袋布正面相对，按图3-7①中尺寸裁剪，然后在袋口斜边处将前袋布再剪掉1cm。垫底布长20cm，宽5cm。

（2）将垫底布里边缘与底边锁边，然后将其正面与后袋布反面相对，在袋口处车缝0.5cm宽一道线。见图3-7②。

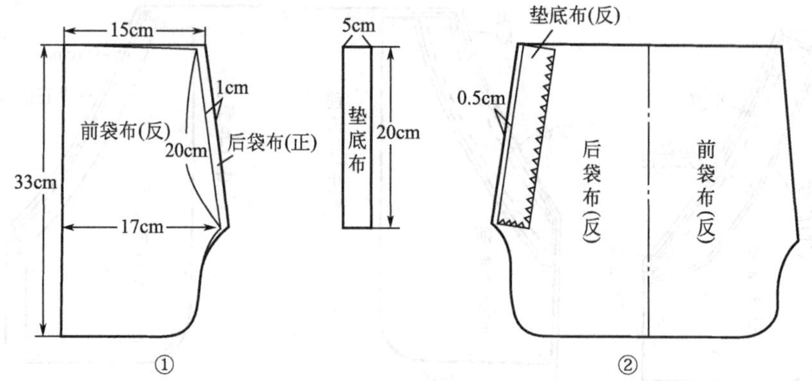

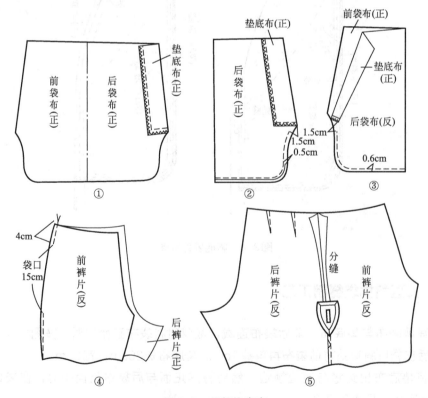

图3-7　裁剪袋布

（3）将垫底布翻转到后袋布反面，外边缘止口处后袋布不要外吐，再将其里边缘及底边与后袋布车缝。见图3-8①。

（4）将前后袋布反面相对，从距袋口底端1.5cm处开始车缝底边，缝份宽0.51cm。见图3-8②。

（5）将缝份用熨斗向后袋布方向扣烫，然后将前后袋布反面翻出，底边止口处前袋布不要外吐。最后沿底边车缝0.6cm宽一道明线，起止针位置与图3-8②相同。见图3-8③。

（6）将前后裤片正面相对，沿侧缝车缝，袋口处不要车缝，起止针处车缝来回针。见图3-8④。

（7）将裤片反面向上，用熨斗将侧缝缝份分缝烫平伏。见图3-8⑤。

图3-8　裁剪垫底布

（8）将前后裤片正面相对，前袋布正面与前裤片缝份反面相对，袋布边缘与裤侧缝对齐，沿前裤片缝份外边缘车缝一道线与前袋布固定。见图3-9①。

（9）将前后裤片展开，正面向上，在前裤片袋口处与袋口平行车缝一道0.8～1cm宽的明线，但注意不要与裤片下面的后袋布车缝。见图3-9②。

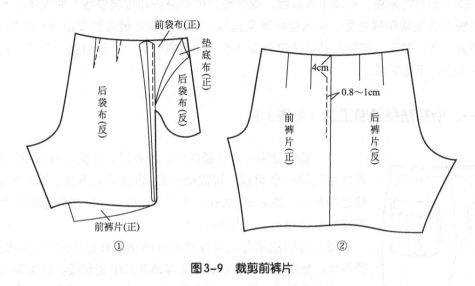

图3-9　裁剪前裤片

（10）将前后裤片正面相对，后袋布与后裤片缝份正面相对，沿侧缝线向外0.1cm车缝一道线。见图3-10①。

（11）将前后裤片展开，正面向上，在前裤片袋口上下端横向车缝3～4次封结固定。见图3-10②。

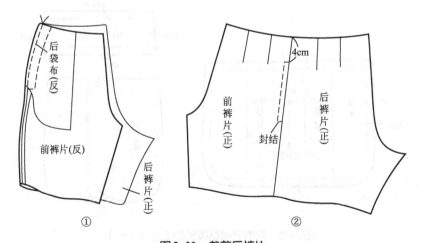

图3-10　裁剪后裤片

思考与练习

1．考核内容：在所述零部件款式中任取两款进行限时考核，以测试学员的掌握程度。

2．相关要求：考核时间应适中；考核的重点是零部件的制作方法是否正确及制作的质量；评分标准要细化；考核后应及时进行针对性点评。

服装成衣工艺

任务二　挖袋和贴袋缝制工艺

　　口袋工艺包括贴袋、挖袋（单嵌线、双嵌线、弧形嵌线和拉链嵌线）两大类，五个品种。贴袋工艺要求贴袋的面、里两层松紧度适当，袋布与衣片缝合时要留有一定的余份，缉线顺直，标记对正。挖袋工艺的关键是保证嵌条的宽窄一致，缉线顺直；口袋两端的三角封口牢固，不露毛边。

一、明褶贴袋缝制工艺（见图3-11）

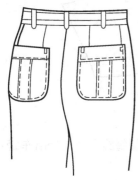

图3-11　明褶贴袋款式

　　（1）裁剪口袋布与口袋贴边。袋布袋口净宽10cm、长15cm。袋布中间设一个明褶，褶宽45cm，明褶两边再各留4cm米褶量。贴边净尺寸：左右长10cm，上下宽4.5cm。袋布与贴边按净样四周均放1cm缝份。见图3-12①。

　　（2）将明褶左右边缘分别与4cm褶量外边缘对齐，用熨斗熨烫平伏，然后沿明褶左右边缘各车缝0.2cm宽明线。见图3-12②。

　　（3）将贴边正面与袋布反面相对，上口缝份对齐后按净印一起车缝。见图3-13①。

　　（4）将贴边翻到袋布正面，贴边上口外吐0.1cm，下边缘缝份向反面折转，然后沿下边缘车缝0.2cm宽明线。见图3-13②。

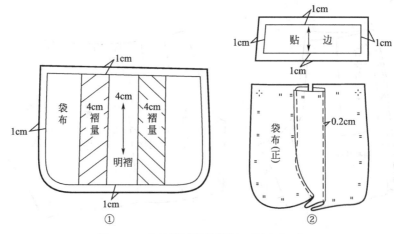

图3-12　裁剪明褶贴袋缝制工艺图（一）

　　（5）将袋布反面向上，把净纸样板放在袋布的下半部，按净样将袋布缝份向反面折转扣烫。见图3-13③。

　　（6）在衣身反面的袋口两端各加一块支力布（加强垫布），用手针将支力布与衣身反面明缲。见图3-13④。

　　（7）将袋布敷于衣身正面袋位处，然后在袋布正面沿边缘车缝0.2cm宽明线，袋口两端来回车缝3次封结固定。见图3-13⑤。

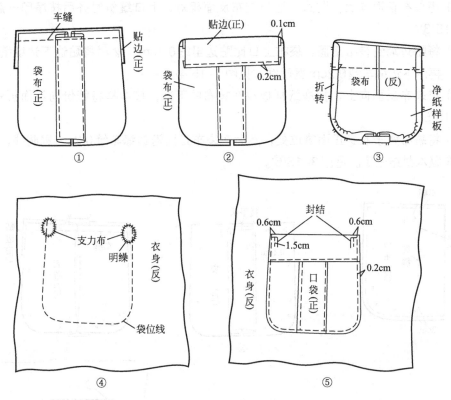

图3-13 裁剪明褶贴袋工艺图（二）

二、暗褶贴袋缝制工艺

（1）裁剪口袋布与口袋贴边。袋布袋口净宽10cm，长15cm，袋布中心线两侧各留4cm褶量。贴边净尺寸：左右长10cm，上下宽4.5cm。袋布与贴边按净样四周均放1cm缝份。见图3-14。

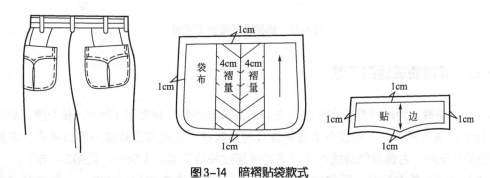

图3-14 暗褶贴袋款式

（2）将袋布以袋中线为准正面相对，用手针绷缝4cm宽一道线。然后从袋布上口顺绷线向下车缝4cm，从底部向上车缝2cm，中间部分不车缝。见图3-15①。

（3）将袋布反面向上，用熨斗将绷缝的暗褶熨烫平伏，并在暗褶两边各车缝0.1cm宽明线。注意不要和下层袋布车缝在一起。见图3-15②。

　　（4）将袋布正面向上，贴边正面与袋布反面相对，上口缝份对齐后按净印一起车缝。见图3-15③。

　　（5）将贴边翻到袋布正面，袋布上口比贴边里缩0.1cm，然后将贴边下边缘缝份向反面折转，再沿下边缘车缝0.2cm宽明线。见图3-15④。

　　（6）将袋布反面向上，把净纸样板放在袋布的下部，按净样将缝份向反面折转扣烫。见图3-15⑤。

　　（7）将袋布敷于衣身正面袋位处，然后在袋布正面沿边缘车缝0.2cm宽明线，袋口两端来回车缝次封结固定。见图3-15⑥。

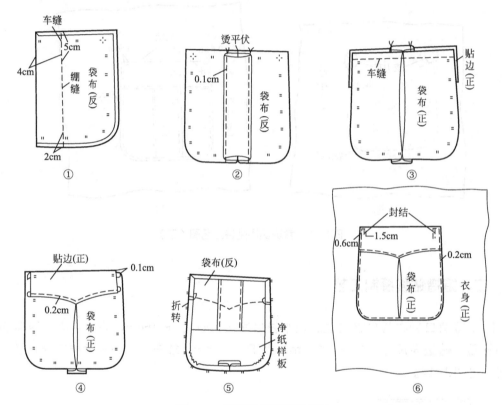

图3-15　暗褶贴袋缝制工艺图

᭡᭡ 三、裤前插袋缝制工艺

　　（1）以前裤片为准裁剪袋布与垫底布。前后袋布连裁，袋布宽17cm，长为腰口到距立裆线1cm距离的两倍。在前袋布上方将袋口部分剪掉。垫底布上边缘与腰口平齐，左侧距袋布边缘0.5cm，右侧与侧缝线对齐，下边缘超过袋口下端点4.5cm。见图3-16①。

　　（2）将前后袋布展开，后袋布上边缘朝下，将垫底布车缝到后袋布上，再在垫底布上车缝一小贴袋，然后将里侧袋布边缘向袋布反面折转0.7cm。见图3-16②。

　　（3）将袋布带垫底布的一面与前裤片正面相对，在袋口处将前袋布与前裤片一起车缝，缝份0.5cm，袋口拐弯处打一些小剪口。见图3-16③。

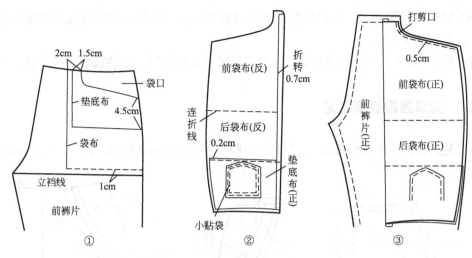

图3-16 裤前插袋缝制工艺图（一）

（4）将袋布翻转到前裤片反面，袋口处袋布比裤片里缩0.2cm。见图3-17①。

（5）将裤片正面向上，在袋口车缝0.2cm与0.7cm宽双明线。见图3-17②。

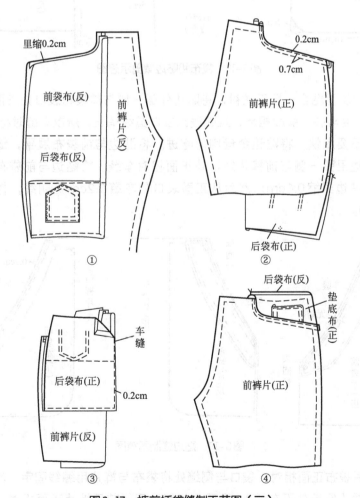

图3-17 裤前插袋缝制工艺图（二）

（6）将裤片反面向上，前后袋布以连折线为准对叠，在袋布右侧与底部车缝0.2cm宽宽明线。见图3-17③。

（7）图3-17④为口袋制成的状态，待与后裤片正面相对，顺侧缝线一起车缝。

四、裤斜插袋缝制工艺

（1）裁剪前、后袋布和贴边。后袋布用本料布，贴边也用本料布，裁剪尺寸见图3-18。

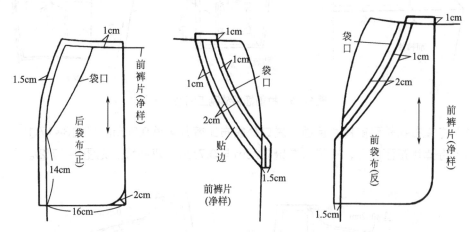

图3-18　袋布和贴边裁剪示意图

（2）在贴边反面粘合一层无纺衬，将贴边外弧一侧与前袋布袋口处正面相对车缝。因贴边外弧一侧弧度与袋口弧度相反，且弧线比袋口弧线稍长，所以车缝时将贴边放在上层，并且车缝速度不要太快，将贴边余量均匀吃进。将贴边与前袋布展平，缝份向袋布一侧扣倒，再将贴边里弧一侧与前裤片袋口处正面相对车缝。将贴边与前袋布翻转到前裤片反面，袋口处贴边里缩0.1cm，然后从正面袋口处车缝0.2cm宽明线，将贴边与裤片固定。见图3-19。

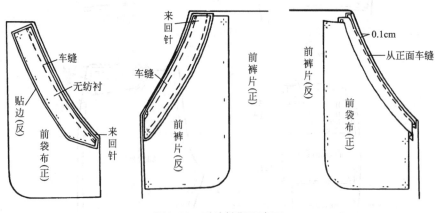

图3-19　贴边缝制示意图

（3）将前后袋布正面相对，袋口与侧缝处将袋布与裤片用绷线固定。然后沿两层袋布边缘车缝两道线（侧缝处不车缝），最后一起锁边后将前后裤片正面相对，沿侧缝一起车缝。拆去绷缝线。见图3-20。

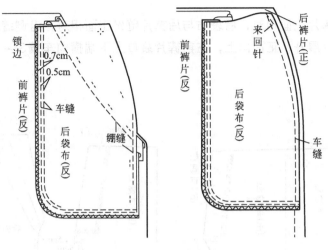

图3-20 装袋布工艺

五、裤直插袋缝制工艺

（1）裁剪袋布与垫底布。前后袋布连裁，裁剪时将袋布正面相对，按图3-21中尺寸裁图剪，然后在袋口斜边处将前袋布再剪掉1cm。垫底布长20cm，宽5cm。将垫底布里边缘与底边锁边，然后将其正面与后袋布反面相对，在袋口处车缝0.5cm宽一道线。见图3-21。

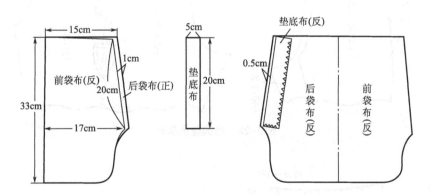

图3-21 袋垫布制作示意图

（2）将垫底布翻转到后袋布反面，外边缘止口处后袋布不要外吐，再将其里边缘及底边与后袋布车缝。将前后袋布反面相对，从距袋口底端1.5cm处开始车缝底边，缝份宽0.5cm。然后将缝份用熨斗向后袋布方向扣烫，将前后袋布反面翻出，底边止口处前袋布不要外吐。最后沿底边车缝0.6cm宽一道明线，起止针位置与上面步骤相同。见图3-22。

（3）将前后裤片正面相对，沿侧缝车缝，袋口处不要车缝，起止针处车缝来回针；随后将裤片反面向上，用熨斗将侧缝缝份分缝烫平伏。见图3-23。

（4）将前后裤片正面相对，前袋布正面与前裤片缝份反面相对，袋布边缘与裤侧缝对齐，沿前裤片缝份外边缘车缝一道线与前袋布固定。前后裤片展开，正面向上，在前裤片袋口处与袋口平行车缝一道0.8～1cm宽的明线，但注意不要与裤片下面的后袋布车缝。见图3-24。

（5）将前后裤片正面相对，后袋布与后裤片缝份正面相对，沿侧缝线向外车缝0.1cm一道线；前后裤片展开，正面向上，在前裤片袋口上下端横向车缝3～4次封结固定。见图3-25。

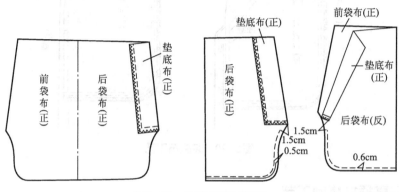

图3-22　袋布制作示意图

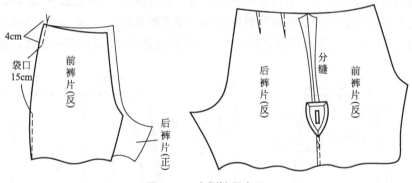

图3-23　合侧缝示意图

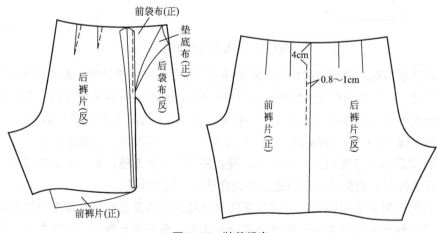

图3-24　装前袋布

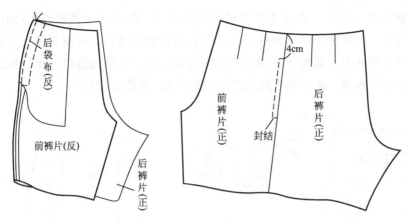

图3-25　袋布完成图

❧ 六、裤单开线带盖后口袋缝制工艺

裤子后口袋若缝制一只，口袋应缝制在右后裤片上；若缝制两只，左右后裤片各缝制一只，而且口袋位置要对称。现以单开线带盖口袋为例，介绍其缝制工艺。

（1）裤后口袋前后袋布连裁，每只口袋裁剪袋布与垫底布各1片。袋布长约44cm，宽18cm，袋布上边缘斜度应与后裤片后翘斜度相同。然后在袋布正面划出袋口标记，袋口长14 cm。垫底布长16.5cm，宽4～5cm。车缝完后裤片两省道后，用熨斗将省向裤后缝方向扣烫，然后将袋布袋口标记与裤片反面袋口标记对准，并用手针将袋布与裤片绷缝固定。见图3-26。

（2）车缝袋盖与开线布。袋盖长14cm，与袋口长相等；开线布尺寸与垫底布相同，其下边缘为光边或锁边。车缝时将裤片正面向上，袋盖面与裤片正面相对，袋盖上口净印对准裤片袋口标记，起止针要车缝来回针。然后将袋盖缝份向上折转，开线布与裤片正面相对，其上边缘与袋盖根底对齐在开线布上车缝一道线，开线布车缝线与袋盖布车缝线平行，长度相等，垂直距离为0.7cm。见图3-26。

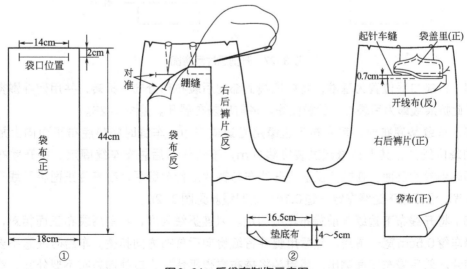

图3-26　后袋布制作示意图

（3）将裤片反面向上，在两条车缝线中间剪袋口，距车缝线两端点0.7cm处剪三角。三角要剪到根底，但不要剪断车缝线。剪扣剪完后用熨斗将袋口两侧三角分别向袋布反面扣烫。将袋布反面相对，袋布下边缘折转到裤片腰口处，并高出腰口1cm，然后用熨斗在袋布底端熨烫出折痕线，此线即为前后袋布的连折线。见图3-27。

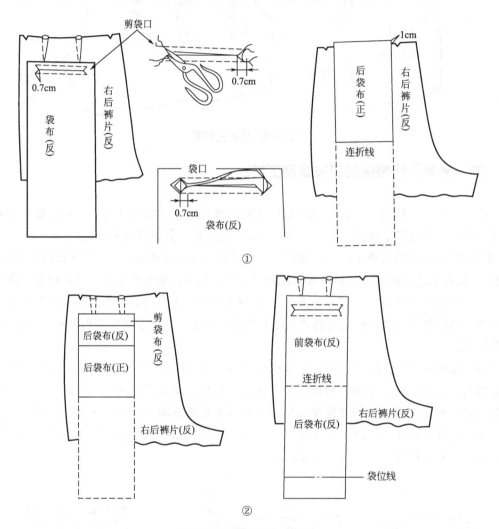

图3-27　开剪后片示意图

（4）以袋口线位置为基准，将袋位线上部的后袋布部分向下折转，并用熨斗熨烫出折痕线，此折痕线即为后袋布上的袋位线。将前后袋布展开。见图3-28。

（5）车缝垫底布时，垫底布下边缘用光边或锁边。车缝时将垫底布正面向上放在后袋布的袋位线处，其上边缘超过袋位线1cm，下边缘与后袋布车缝固定。将开线布从袋口处翻转到裤片反面，在裤片反面将开线布与裤片缝份分缝后，在裤片正面将开线熨烫成0.7cm宽。沿开线下边缘车缝一道0.1cm宽明线。见图3-28。

（6）将开线布下边缘与前袋布车缝固定。以连折线为准，将前后袋布正面相对，沿袋布边缘车缝0.5cm宽一道线，然后用熨斗将缝份向后袋布方向扣烫。车缝时注意不要车缝住后裤片。前后袋布正面翻出，用熨斗将袋布熨烫平伏，止口处前袋布不要外吐，然后沿

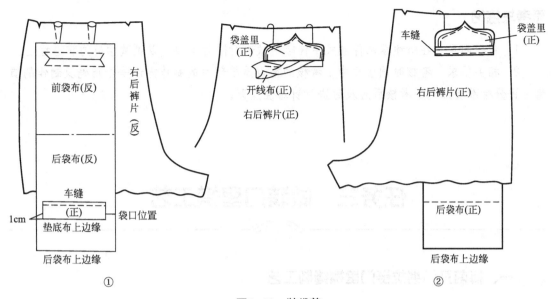

图3-28 装袋盖

袋布边缘车缝0.6cm宽一道明线。裤片正面向上，袋盖向下折转，使袋盖面正面向上，其缝份塞入袋口中，再沿袋口上边缘车缝一道线，袋口两侧车缝来回针封结。最后将后裤片腰口边缘与后袋布边缘车缝固定。见图3-29。

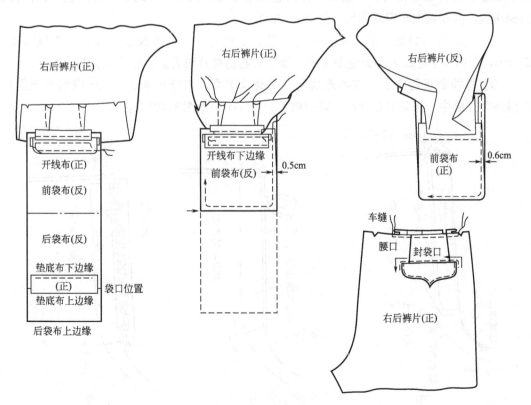

图3-29 装袋布示意图

思考与练习

1．考核内容：在所述零部件款式中任取两款进行限时考核，以测试学员的掌握程度。

2．相关要求：考核时间应适中；考核的重点是零部件的制作方法是否正确及制作的质量；评分标准要细化；考核后应及时进行针对性点评。

任务三　做装门里襟工艺

一、裤前开门绱拉链门里襟缝制工艺

门襟一般设在左前裤片，里襟设在右前裤片。但因地区和个人爱好不同，门、里襟位置也可颠倒。现以门襟设在右前裤片为例，介绍绱拉链的缝制工艺。

（1）门襟宽为3cm，与右前裤片相连；里襟宽为1.5cm，与左前裤片相连。门、里襟下端分别与各自前裆弯处1cm缝份顺接。车缝前，先在门里襟反面各黏合一层无纺衬，然后将左右前裤片正面相对，从腰口到开门止点沿净印用大针码车缝，从开门止点改用普通针码车缝，并在该点车缝来回针。见图3-30①。

（2）门襟按车缝线向右前裤片反面扣烫，里襟向左前裤片反面扣烫，比车缝线吐出0.3cm，开门以下吐出的部分逐渐变窄，最后与右前裤片对齐。见图3-30②。

（3）将拉链正面向上，右半部放到左前裤片下面，与吐出来的0.3cm缝份车缝固定。车缝线距拉链中心开闭处0.7cm，距门襟折边0.1cm。见图3-30③。

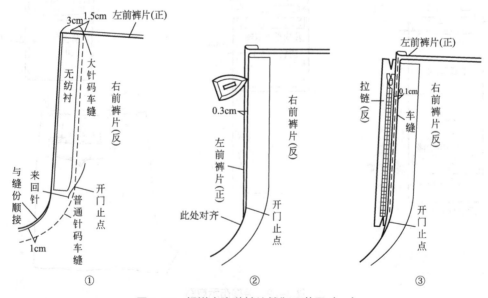

图3-30　门襟左右前裤片缝制工艺图（一）

（4）将门襟向左翻转展平，与拉链正面相对，与拉链左半部车缝固定。见图3-31①。

（5）将前裤片正面向上，在右前裤片正面车缝2.5cm宽明线，下端与开门止点顺接，在开门止点处车缝来回针。最后将大针码车缝线拆掉。见图3-31②。

（6）将前裤片里的开门缝份向反面折转，沿折边与拉链明缲固定，其周围用星点缝与前裤片缝份固定。见图3-31③。

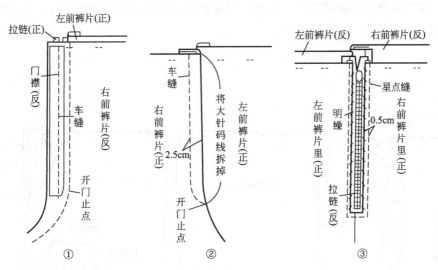

图3-31 门襟在右前裤片缝制工艺图（二）

二、裤前开门锁眼钉扣缝制工艺

现以门襟设在左前裤片为例，介绍其缝制工艺。

（1）将门襟里与门襟面正面相对，沿内弧车缝。见图3-32①。

（2）将缝份向门襟面反面折转。见图3-32②。

（3）将门襟面与门襟里的正面翻出，在止口处使门襟里里缩0.1cm，然后沿门襟里内弧车缝0.1cm宽一道明线，将止口固定。见图3-32③。

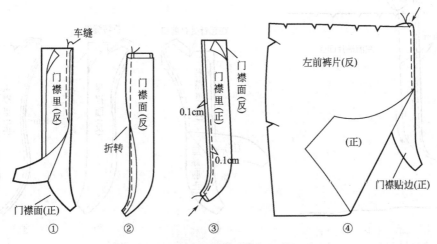

图3-32 门襟在左前裤片缝制工艺图（一）

（4）另裁一片门襟贴边，它与门襟面同料，且形状大小完全一样。将门襟贴边与左前裤片正面相对，在前开门处沿净印车缝。见图3-32④。

（5）将门襟贴边翻转到左前裤片反面，在止口处贴边里缩0.1cm。见图3-33①。

（6）在左前裤片正面沿止口边缘车缝0.1cm宽一道明线，将止口固定，防止门襟贴边外吐。见图3-33②。

（7）将门襟里与门襟贴边正面相对，门襟面比前开门止口里缩0.1cm，用绷线将门襟与左前裤片暂时固定。见图3-33③。

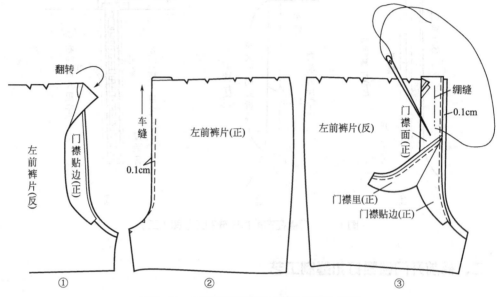

图3-33　门襟在左前裤片缝制工艺图（二）

（8）将左前裤片正面向上，按箭头所示方向从腰口起平行于止口车缝一道2.5cm宽的明线，下端车缝成弧线，将门襟与左前裤片固定。最后将绷线拆掉。见图3-34①。

（9）将里襟里与里襟面正面相对，沿外弧车缝，然后在起针处打一剪口。见图3-34②。

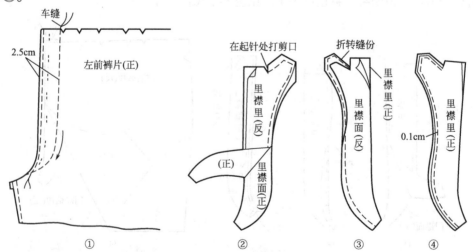

图3-34　门襟在左前裤片缝制工艺图（三）

（10）将缝份向里襟面反面扣烫。见图3-34③。

（11）将里襟里与里襟面正面翻出，止口处里襟里缩0.1cm，然后沿里襟外弧车缝0.1cm宽一道明线，将止口固定。见图3-34④。

（12）掀开里襟面，将里襟里正面与右前裤片反面相对，在前门处沿净印车缝。见图3-35①。

（13）将里襟面里弧缝份向反面折转，并将里襟面翻转到右前裤片正面，盖住第一道车缝线，再沿里襟面里弧车缝一道明线，将里襟面与右前裤片固定。见图3-35②。

（14）待裤子制成后，再在门襟上锁眼，在里襟上钉扣。

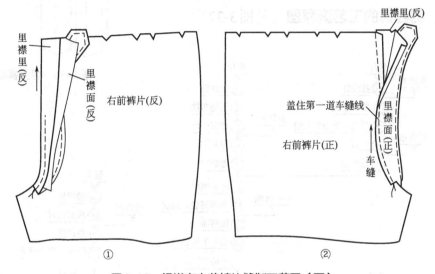

图3-35　门襟在左前裤片缝制工艺图（四）

思考与练习

1．考核内容：在所述零部件款式中任取两款进行限时考核，以测试学员的掌握程度。

2．相关要求：考核时间应适中；考核的重点是零部件的制作方法是否正确及制作的质量；评分标准要细化；考核后应及时进行针对性点评。

任务四　男西裤成品制作工艺

一、男西裤外形概述

装腰头，串带袢七根，前开门，门襟装拉链，前裤片左、右褶裥各两个，侧缝袋各一只，有前裤片腰节装表袋一只，后裤片左、右省各两个，右后裤片开一字嵌线后袋一只，平脚口。见图3-36。

二、男西裤缝制中的重点或难点

1. 开后袋

2. 装门里襟和拉链

三、男西裤的工艺流程图（见图3-37）

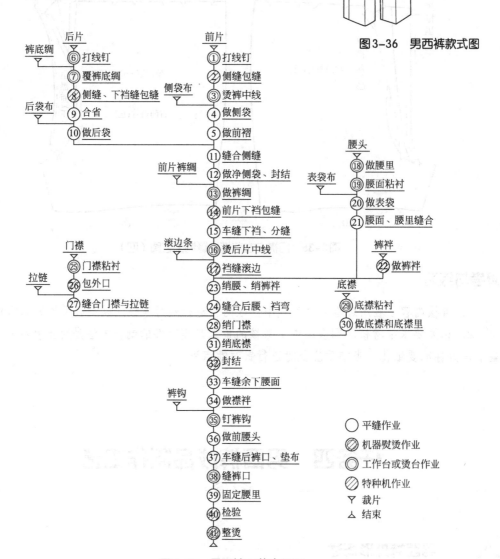

图3-36　男西裤款式图

后片　　　　　前片

裤底绸 ▽

⑥ 打线钉　　①打线钉

⑦ 覆裤底绸　②侧缝包缝

⑧ 侧缝、下裆缝包缝　③烫裤中线

侧袋布 ▽

后袋布 ▽

⑨ 合省　　④做侧袋

⑩ 做后袋　⑤做前褶

⑪ 缝合侧缝

前片裤绸 ▽

⑫ 做净侧袋、封结

⑬ 做裤绸

⑭ 前片下裆包缝

⑮ 车缝下裆、分缝

⑯ 烫后片中线

滚边条 ▽

⑰ 裆缝滚边

门襟 ▽

㉕ 门襟粘衬

拉链 ▽

㉖ 包外口

㉗ 缝合门襟与拉链

㉓ 绱腰、绱裤袢

㉔ 缝合后腰、裆弯

㉘ 绱门襟

㉛ 绱底襟

㉜ 封结

㉝ 车缝余下腰面

裤钩 ▽

㉞ 做襻袢

㉟ 钉裤钩

㊱ 做前腰头

㊲ 车缝后裤口、垫布

㊳ 缝裤口

㊴ 固定腰里

㊵ 检验

㊶ 整烫

腰头 ▽

⑱ 做腰里

⑲ 腰面粘衬

表袋布 ▽

⑳ 做表袋

㉑ 腰面、腰里缝合

裤袢 ▽

㉒ 做裤袢

底襟 ▽

㉙ 底襟粘衬

㉚ 做底襟和底襟里

○ 平缝作业

◎ 机器熨烫作业

◯ 工作台或烫台作业

◙ 特种机作业

▽ 裁片

△ 结束

图3-37　男西裤工艺流程图

四、男西裤的缝制要点

1. 打线钉

（1）打线钉的作用　服装的裁片多数是两片对称一致的。粉线标志只划在两片正面相叠的裁片上层，由于毛料上的粉迹容易脱落，因此在毛料服装缝制前，先把裁片上下两片叠齐，做上对称的线钉标记，表示衣片各部位缝头大小和配件装置部位，以达到左右对称、部位准确的目的。

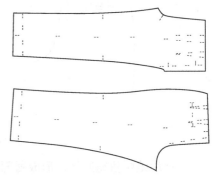

（2）打线钉的方法　打线钉一般采用白棉线，因为白棉线不仅适用于各种色彩的毛织物，而且质料软、绒长，钉在毛织物上不易脱落。

（3）打线钉的部位　前片：裥位，烫迹线，侧袋位，封小裆高，中裆高，脚口贴边。后片：省位，烫迹线，后袋位，后裆缝、中裆高，脚口贴边。见图3-38。

图3-38　打线钉

2. 收省、归拔裤片

平面造型的裤片，采用了省、裥、凹势、胖势、倾斜度等处理方法，但是仍然不符合人体曲线形状。必须采取熨烫中归拔的方法，即归拢、拔开的工艺，改变织物丝缕，以达到与人体体形相吻合的目的。如在臀围部位拔出胖势，在横裆部位归拢凹势等，使线的造型变为面的造型。一般以归拔后裤片为主，前裤片可稍归拔。归拔应在裤片的反面进行。在归拔前要喷水，要往返熨烫，直至丝缕变形、烫开、定型。

（1）前裤片归拔

① 将侧袋口胖势推进归直。在侧缝中裆处，将凹势略微拔开，把侧缝烫成直线。

② 将前裆缝胖势推进归直，在下裆缝中裆处，将凹势略微拔开，把下裆缝烫成直线。

③ 在中裆拔开的同时，在烫迹线相应部位，即膝盖处，适当归拢，这样可使烫迹线保持挺直。

④ 平面造型中如有脚口凹势，则将脚口贴边凹势拔开。

⑤ 将前后裥按线丁标记煨线、煨牢，在正面盖水布喷水烫平。

⑥ 以烫迹线线丁标记为界，将下裆缝侧缝折叠平齐，在裤片正面盖水布，喷水烫平烫迹线。要按归拔要求折烫。以上见图3-39。

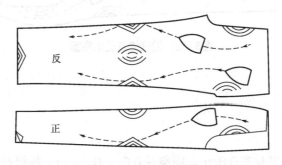

图3-39　归拔示意图

（2）后裤片归拔

① 收省。省的大小、长短、位置要缉准确，省缝要缉顺，省尖要缉尖。省根缉来回针。省尖缉过后，空车多缝5～6针，线头打结。裤片反面省缝均朝后裆缝烫倒，并把省尖胖势向腰口方向推匀，袋口位横丝呈上拱形。见图3-40。

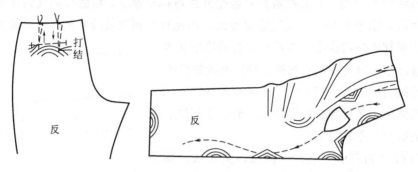

图3-40　裤片收省

② 后缝中段略归拔，形成臀部胖势。后窿门横丝绺处拔开，后窿门以下10cm要归拔。中裆部位上、下用力拔烫。中裆里口归拔，归至烫迹线。中裆以下略归，使小腿部位略呈胖势。平面造型脚口如有低落，则将其归直。见图3-41。

③ 侧袋口胖势归直至臀部。中裆凹势略拔开。中裆里口归拔至烫迹线。中裆以下略归使小腿部位略呈胖势。见图3-41。

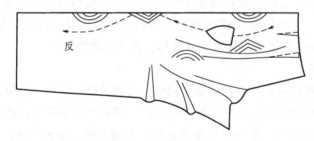

图3-41　后缝熨烫工艺

④ 以烫迹线线钉标记为界，将下裆缝侧缝折叠平齐，在裤片反面按归拔要求折烫。见图3-42。

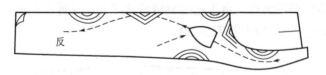

图3-42　烫迹线熨烫示意图

3. 零部件制作

（1）串带襻

方法一：

① 正面对折，串带襻宽0.8cm，缉缝头0.3～0.35cm；将缉线的毛缝喷水，分开烫

平。见图3-43。

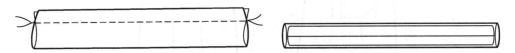

图3-43　串带袢缝制示意图

② 将正面翻出，缝头居中，沿两边各缉0.1cm止口一道。见图3-44。

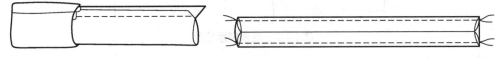

图3-44　串带袢制作要领示意图

方法二：

选一边是光边的直料，宽2.5cm，毛边朝反面折两折，与光边对齐，正面沿两边各缉0.1cm止口一道。如果没有光边，可以将两边毛边朝反面折转，再对折后，两边各缉0.1cm止口一道。见图3-45。

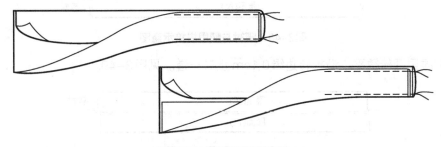

图3-45　串带袢制作方法

（2）表袋

将袋垫布缉在表袋布上。然后把表袋布对折转，袋垫布一头略放长0.3cm，兜缉三边，上口离开1.2cm。三边毛缝可在装好表袋后拷边。见图3-46。

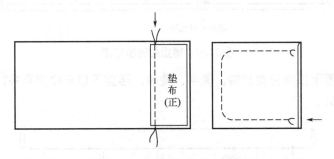

图3-46　表袋袋布制作示意图

① 表袋做在右前裤片，以右裥为中线的位置。把无袋垫的　面袋布与前裤片正面相叠，按0.7cm缝头缉线。袋口大小按规格做。

② 缉线两端剪眼刀，把袋布翻进，袋布坐进，正面缉0.1cm止口。如正面不要明止口，可用坐缉缝方法，在袋布上缉0.1cm止口，再把袋布翻进，见图3-47。

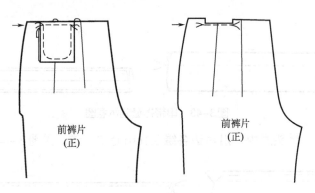

图3-47 装表袋示意图

③ 把有袋垫的一面袋布放平，与裤片腰口固定，袋口要平服。

（3）腰头

① 腰面放中层，与腰里正面一边相叠平齐，并盖过下层腰衬1.5cm。三层搭缉0.7cm一道。腰面如有拼接，则拼接应对准裤子后缝。见图3-48。

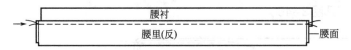

图3-48 腰衬与腰里拼接示意图

② 把腰里翻转烫平，沿折转边缉0.1cm止口一道。见图3-49。

图3-49 扣烫示意图

③ 在腰衬下口刮少许糨糊，把腰里扣转烫干、烫平。见图3-50。

图3-50 腰里扣转示意图

④ 腰头上口腰面按腰衬宽折转，烫平、烫煞。腰面下口与腰里平齐，并做好上腰的对裆眼刀。见图3-51。

图3-51 装腰定位标记示意图

4. 缝合侧缝、装侧缝直袋

将前、后裤片侧缝的脚口、腰口、中裆对齐后，按要求缉线。侧缝在中裆以下部位要平齐，缉线顺直，中裆以上归拔部位要防止伸开或皱拢。缉线后侧缝分开烫平。

装侧缝直袋方法前面已经讲述。

5. 缝合下裆缝

侧缝下裆缝的缝合是裤子定型的关键，缝得不好会产生涟形吊紧、挺缝不正等弊病。缝合下裆缝同缝合侧缝的方法一样。缉线要符合归拔要求，中裆以上缉双线加固。下裆缝分开烫煞，分烫时要把中裆处拔长，中裆偏上的后烫迹线处归平，臀部推圆顺，脚口平齐。实际上这是进行第二次归拔。

然后将裤脚翻到正面，把前后烫迹线烫煞。因为前、后裆缝还未缉合，侧缝下裆缝容易对齐，便于熨烫。

6. 缝合前后裆缝、装门里襟和拉链（见任务一）

7. 装压串带袢和腰头

（1）装串带袢

① 从左到右，第一根串带袢位于前裥上，第二根位于前片侧缝止口上，第四根位于后缝居中，第三根位于第二根和第四根中间，以后三根与左面位置对称。

② 串带袢上口与腰口平齐，向下1.6～1.8cm，来回4～5道缉线，将其封车。串带袢也可按规定位置，边装腰边塞进，一起固定。再坐下0.8～1cm，来回针封牢。

（2）装裤腰

① 装腰头时，前平、中（侧缝左、右1cm）微松，后（臀部上口）稍紧，使腰头上口顺直，前后平服，臀部饱满。

② 腰头里襟一端，装好四件扣裤钩袢后，再封口翻转。裤钩袢位置居中在腰面，平齐里襟里口线，在安装位置反面垫好衬头。

③ 腰头门襟一端，将夹里和衬头修成与门襟止口平齐，上口留腰面缝头，同样垫衬头，装好四件扣裤钩。裤钩位置居中在腰面，离开止口0.8cm左右。见图3-52。

（3）压腰头

在压腰头之前可先将腰头固定好，然后从门襟开始向里襟方向用漏落针将夹里固定，方法同车缝中的漏落缝。压腰头时，下层夹里要稍拉紧，面子用镊子钳推一把，防止产生涟形。不可将腰面缉牢，又不能离开腰面太开。反面腰里余势顺直。腰头压缉好后，止面盖上水布，喷水烫平。见图3-53。

（4）压串带袢

将串带袢向上翻平、放正，在离开裤

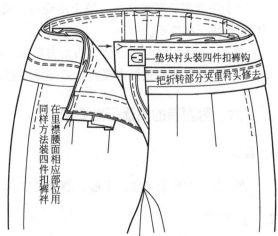

图3-52　装腰示意图

图3-53 完成图

腰上口0.6cm处，将串带祥缝子拆转来回针4～5道，止口缉线0.1cm封牢。缉线反面正好在腰面面料坐向腰里0.8cm的里侧，紧靠夹里止口，但不能缉到夹里。串带祥长短要一致。见图3-53。

8. 门襟缉线、封小裆

（1）门襟缉线　门襟贴边处腰头毛缝折光，与门襟贴边宽度平齐，沿裤片门襟止口将门襟贴边翻进，里襟拉开，从小裆封口位置以下0.8cm开始，按门襟造型向上缉至腰口或腰节。如缉至腰节，裤腰部分用手工绕牢。

（2）封小裆　里襟放平，门襟略盖过里襟里口直线，校准门里襟长度，门襟应比里襟长0.15cm。在小裆封口位置用来回针缉线4～5道封牢，也可以打套结封牢。见图3-52。

🎀 五、整烫

烫前把所有线头剪干净。

1. 整烫步骤

（1）烫袋口、腰口、裥、省、门襟、里襟。
（2）烫腰里、袋布。
（3）烫裤脚。
（4）烫下裆缝。
（5）两格合齐，烫侧缝和前后烫迹线。

2. 熨烫方法

（1）正面熨烫要盖水布，防止出现极光或污渍。为使熨烫部位尽快烫干，用水布烫定型后可换用干布烫干。

（2）根据不同部位的需要，借助布馒头、铁凳等工具进行熨烫。

（3）严格按照归拔要求熨烫。熨烫成型后，两格要对称，并与人体形状相符。

🎀 六、男西裤的质量标准要求

1. 腰头

面、里、衬松紧适宜、平服，缝道顺直。

2. 门、里襟

面、里、衬平服、松紧适宜；明线顺直；门襟不短于里襟，长短互差不大于0.3 cm。

3. 前、后裆

圆顺、平服，上裆缝十字缝平整、无错位。

4. 串带

长短、宽窄一致，位置准确、对称，前后互差不大于0.6 cm，高低互差不大于0.3 cm，缝合牢固。

5. 裤袋

袋位高低、前后、斜度大小一致，互差不大于0.5 cm，袋口顺直平服，无毛漏；袋布平服。

6. 裤腿

两裤腿长短、肥瘦一致，互差不大于0.4 cm。

7. 裤脚口

两裤脚口大小一致，互差不大于0.4 cm，且平服。

8. 线迹

明线针距密度每3 cm为14 ~ 17针。

手工针每3 cm不少于7针；三角针每3 cm不少于4针。

9. 商标号型

商标位置端正；号型标志清晰，号型钉在商标下沿。

10. 整熨

各部位熨烫到位，平服、无亮光、水花、污渍；裤线顺直，臀部圆顺，裤脚口平直。

思考与练习

第一模块 理论知识

1. 女裤的质量要求是什么？
2. 简述女裤的工艺流程。
3. 简述装女裤腰头的两种方法是什么？
4. 男西裤的质量要求是什么？
5. 简述男裤的工艺流程。

第二模块 技能测试

男西裤样衣缝制

项目四
衬衣缝制工艺

CHENYI FENGZHI GONGYI

实训目的

了解男、女衬衣款式特征和工艺流程；掌握相应的零部件的缝纫
技巧及用途；能熟练进行男、女衬衣变化款式的制作。

重难点分析

重点：男、女衬衣缝制工艺

难点：做领、装领、做袖、装袖

070

案例导入

下面是仿照××××服饰有限责任公司生产任务书设计的女衬衣生产任务书，要求学生参照生产任务书上的有关信息，制定出样衣设计任务书，并按照任务书中M号样衣的规格完成样衣试制任务。

（一）生产指示书

××××服饰有限责任公司

内/外销合约	内销			编号	2009-N-50	
品名	男衬衣			交货期	2009年5月10日	
品号				生产量	1080（件）	
订货责任人	范守义			款式图及面料小样		

面料颜色	规格				数量（件）
	S	M	L	XL	
白	50	90	80	50	270
淡粉	50	90	80	50	270
西瓜红	50	90	80	50	270
淡蓝	50	90	80	50	270

生产厂家	××××服饰有限责任公司	样板负责人	李明	设计负责人	王晓蕾
生产负责人	张红	生产管理负责人	李明	素材输入日期	2009年3月12日

（二）设计任务书

编号：2009-N-50　　　　编制单位：××××服饰有限责任公司

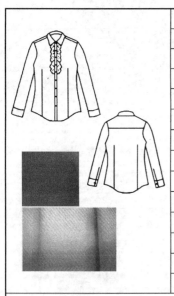

款式编号	NCY-2009-N124		号型	160/84A	
主体部位（单位cm）	净尺寸	成品尺寸	小部位（单位cm）	净尺寸	成品尺寸
衣长		56	明门襟宽		3
胸围		90	叠门		1.5
袖长		56.5			
领围		36			
肩宽		38			
袖口		20			
			袖克夫	长	22
				宽	6
			袖衩	长	8
				宽	1
面料编号			面料成分	65%涤纶，35%氨纶	
辅料			黏合衬、纽扣11粒		

款式说明：

方角翻立领，九粒扣，明门襟，胸部门襟两侧夹花边，装过肩，收腰身，前、后片左、右收腰省各一个，圆下摆，装袖，袖口开衩，装克夫。

款式设计	王晓蕾	日期
样板	李明	2009.03.13
样衣	肖静	2009.03.15
推板	赵平	2009.03.17
复合	纪晓	2009.03.17

编制时间：2009.04.12

任务一　衬衣袖衩及克夫的制作工艺

❧ 一、常见衬衣的袖衩缝制工艺

袖开衩是衬衫长袖款袖口部位的开衩。袖开衩有功能性作用，同时也有美观装饰的作用。衬衫款式不同，袖衩的形状、长短及封口线距尖的长度也必须作相应的调整。

1. 直袖衩的制作工艺

直袖衩指大衩与小衩用同一条袖衩条缉缝，宽窄一样。制作工艺如下：

方法一：

（1）将袖衩一边缝头扣转0.6cm，见图4-1①。

（2）在袖片上相应位置剪开衩，要求位置、尺寸准确，衩要顺直，剪开后拉直（成180°）见图4-1②。

（3）袖衩的另一边正面与袖子衩口反面相叠、放齐，缉线0.6cm，开衩转弯处袖子缝头变小为0.3cm。注意在转弯处不可打裥或毛出。见图4-1③。

（4）将袖衩翻转，在袖子正面将扣光毛缝的袖衩一边盖过第一道缉线，缉袖衩止口0.1cm。注意不能缉住反面袖衩，袖衩不能有涟形。见图4-1④。

（5）封袖衩。袖子沿衩口正面对折，袖口平齐，将袖衩摆平，袖衩转弯处向袖衩外口斜下1cm缉来回针三道。见图4-1⑤。

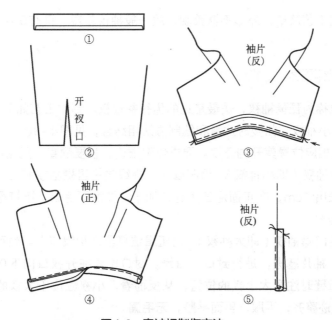

图4-1　直袖衩制作方法一

方法二：

（1）将袖衩两边都扣转0.6cm的缝头，然后对折，衩里比衩面略放出0.05～0.1cm，如图4-2①所示。

（2）将袖子衩口夹进袖衩，正面压缉缝0.1cm止口。见图4-2②。

（3）封袖衩。同方法一，见图4-2③。

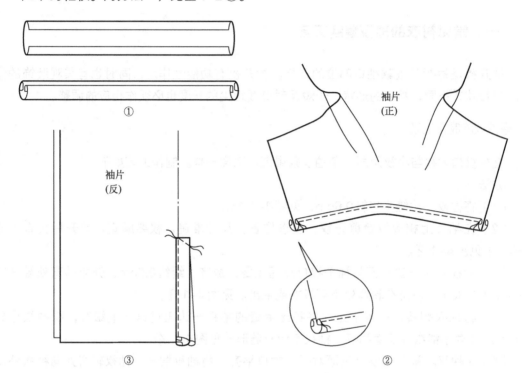

图4-2　直袖衩制作方法二

直袖衩的缝制工艺简单，外形不够美观，故一般袖衩较短，只有6～7cm，不用锁眼，多用于女衬衫。

2. 宝剑头袖衩的制作工艺

宝剑头袖衩也称为琵琶袖衩，是最常见的男衬衫袖衩。制作工艺如下：

（1）扣烫大、小袖衩，扣烫时注意和缝制方法相结合，见图4-3①。

（2）在袖片上相应位置剪开袖开衩。要求位置准确，衩要顺直。见图4-3②。

（3）缉缝里襟袖衩（即小袖衩）。用压缉法或夹缉法将里襟袖钉装上，小衩位于衩三角的中央，顶端处长出1cm，在正面沿三角封口切牢，注意不毛出，不打褶，反面封口处呈水平，见图4-3③④。

（4）装宝剑头门襟袖衩（即大袖衩）。用压缉法将里襟袖钉装上。也可用夹缉法，将大衩覆盖在小衩上，袖片塞进，进行封口，缉缝。封口位置在开衩口向下0.8～1cm处，见图4-3③⑤⑥；缉缝时注意大小衩的位置，从反面看，小衩应位于大衩的中心（特殊规定的除外），要求线迹整齐，平服，里面平整，无毛漏。

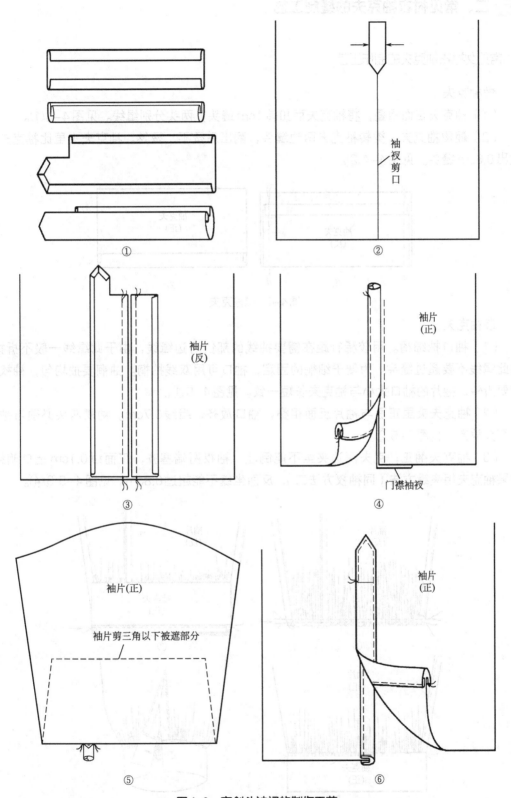

图4-3　宝剑头袖衩的制作工艺

二、常见衬衣袖克夫的缝制工艺

1. 常见女衬衣袖克夫的制作工艺

做袖克夫：

（1）袖克夫正面相叠，将袖克夫面扣转1cm缝头，两头分别缉线。见图4-4①。

（2）翻烫袖克夫。烫转袖克夫两边缝头，翻出后烫平、烫煞。袖克夫夹里比袖克夫面放出0.6cm缝头。见图4-4②。

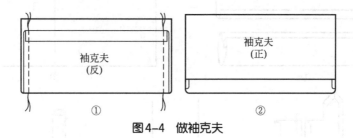

图4-4　做袖克夫

装袖克夫：

（1）袖口抽细褶。用较稀针距在需要抽线的部位沿边缉线，由于此缉线一般不拆掉，因此缉线不要超过缝头。为便于细褶的固定，袖口可用双线抽褶。抽褶要抽均匀，袖衩门襟要折转，袖片的袖口大小与袖克夫长短一致。见图4-5①。

（2）袖克夫夹里正面与袖片反面相叠，袖口放齐，缉线0.7cm。袖衩两头必须与袖克夫两头放齐。见图4-5②。

（3）袖克夫翻正，克夫两边夹里不能倒吐，袖衩两端塞齐，正面缉0.1cm止口明线。如果袖克夫用夹缉方法（同袖衩方法二），反面坐缝不能超过0.8cm。见图4-5③④。

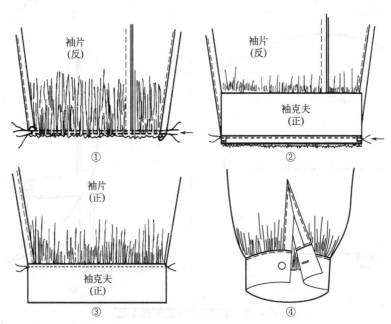

图4-5　装袖克夫

2. 带花边的袖克夫制作工艺（见图4-6）

（1）把荷叶花边缉在袖克夫面的正面，缉线0.6cm，见图4-6①。
（2）将缉花边的袖克夫面另一边扣光缝头，与袖克夫里正面相叠缉线，见图4-6②。
（3）将袖克夫正面翻出见图4-6③。
（4）装袖克夫。方法同上。

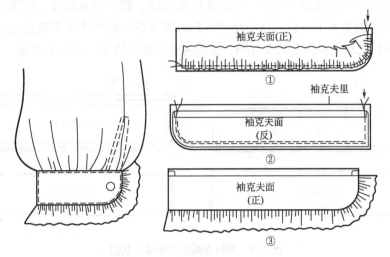

图4-6　带花边的袖克夫制作工艺图

3. 双层袖克夫的制作工艺（见图4-7）

（1）将袖克夫夹里一边扣光缝头，与袖克夫面正面相叠缉线，见图4-7①。
（2）将袖克夫正面翻出，见图4-7②。
（3）将袖克夫沿折转线折转，见图4-7③。

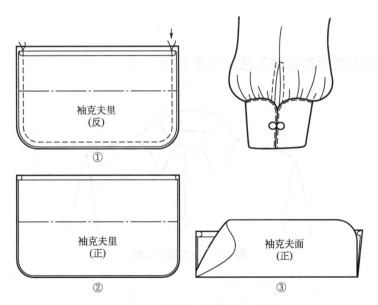

图4-7　双层袖克夫的制作工艺图

4. 男衬衣袖克夫制作工艺（见图4-8）

（1）粘衬。克夫衬采用树脂衬净缝配置。先将克夫衬粘烫在克夫面的反面，并将克夫面下口缝份扣净1cm，见图4-8①。

（2）将克夫面、里正面相合，边沿对齐，离克夫衬0.1cm兜缉三边，兜缉时应适当吊紧克夫里，并使两角圆顺，大小一致。见图4-8②。

（3）翻烫袖克夫。留缝0.3cm，将缝头修剪圆顺。翻出克夫止口，将圆头烫圆顺，下口烫直，并保证圆头大小一致，止口坐进0.1cm不外吐。然后将夹里塞进夹层，将两头缝头包光，夹里扣光后比克夫余出0.1cm，然后将整个克夫烫煞。见图4-8③。

服装成衣工艺

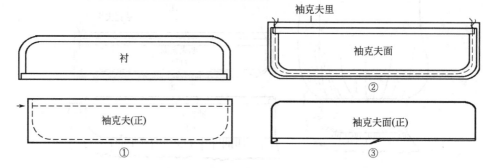

图4-8　男衬衣袖克夫制作工艺图

任务二　衬衣的领子制作工艺

一、常见小方领的缝制工艺（见图4-9）

图4-9　小方领款式图

1. 黏衬

将领角处的衬修去，粘上领面，见图4-10①。

2. 缝合领里领面

领面领角处稍归拢，使领角有窝势，自然向里卷曲，与领里正面相叠，后领中缝对准。按黏衬上的净线标记缉线。注意领角处不可缺针或过针。如图4-10②所示。

3. 修剪缝份

将缝头剪窄、剪齐，使领边沿平薄，容易烫煞。按缉线把缝头向领衬一边扣倒，边烫边折转。然后翻出领头，领角要翻足。见图4-10③。

4. 翻烫领头

领头翻出后烫煞，领里不可外露。烫好后将领头对折，校正两端领角长短并修齐。领面下口比领里下口略放0.2cm，做好左、右肩缝的对肩眼刀。见图4-10④。

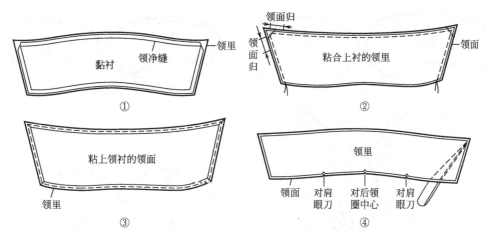

图4-10 做领示意图

❧ 二、平领的缝制工艺（见图4-11）

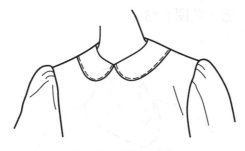

图4-11 平领款式图

平领又称坦领。前、后开门都可以。其制作工艺如下：

1. 黏衬

领面反面黏衬，领里外口三边比领面配小0.2cm。见图4-12①。

2. 缝合领里领面

　　领里、领面正面相叠，外口三边缉线0.6cm。缉好后缝头修剩0.4cm。领头正面翻出，领里坐进0.1cm，正面缉止口。见图4-12②。

3. 装领

　　把领头里口与领圈放齐，把挂面向正面折转，再放上斜条布条，领头夹在中间一起沿领圈缉线0.6cm。见图4-12③。

4. 固定领圈

　　把挂面翻进，领头翻上，斜料布条折成0.7cm宽，两边缉0.1cm止口固定。见图4-12④。

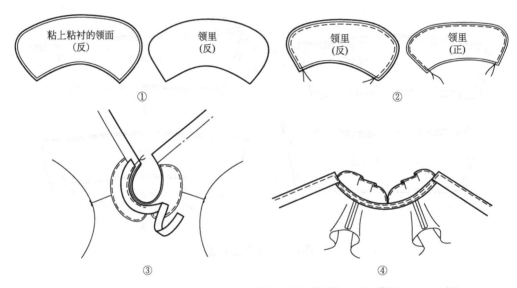

图4-12　平领制作工艺示意图

三、荡领的缝制工艺（见图4-13）

图4-13　荡领款式图

　　荡领适合使用柔软的针织面料、乔其纱、真丝绸等，使很宽的单层领子在胸前形成自然的皱纹。制作方法如下：

　　（1）拷边。将领子（单层）外口三边先拷边。领子下口与领圈缝合后一起拷边，缝头向大身坐倒，在正面用坐缉缝固定缝子。见图4-14①。

（2）把领头两边正面相叠，从上口向下缝合到图4-14②所示缝合止点标记处，并剪眼刀将缝头分开烫平。缉线下是开口部分，缝头与上段反向折转，中间钉锁钮一粒。后衣片中间开口处装上拉链。领头上口扣光毛缝再折转后，缉0.1cm止口。以上领圈弯势大的部位，均可采用眼刀，使领圈平服。

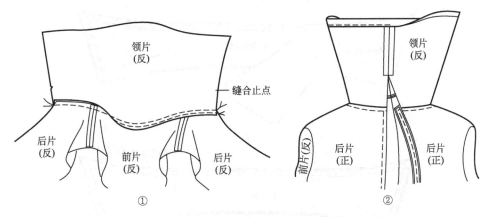

图4-14 荡领制作工艺示意图

四、男衬衣领的缝制工艺

1. 做翻领

（1）裁配翻领衬　翻领衬采用涤棉树脂黏合衬斜料。以净样为准放缝0.7cm，并在领尖角处剪去缝头以减少领角厚度。为保证领角挺括，翻领两角需加放领角衬，领角衬应以45°丝缕裁剪，并在领角衬上离净粉线0.2cm处缉上塑料插片。见图4-15①。

（2）烫领　将领衬与领面对齐摆正，压烫固定。要先烫领上口，后烫两边。烫时注意领面的窝势，要保证领子的挺括、窝服。条格面料应注意左右领角条格对称。见图4-15②。

（3）缉翻领　将领面与领里正面相合，领里在下，领面在上。以领衬上的铅笔净粉线为准兜缉，缉缝时应将领里略微拉紧，使其产生里外均匀，以满足领子的窝服要求。见图4-15③。

（4）修剪缝头　将缝头修剪整齐，领角处缝头0.2cm。将领上口和两边缝头向领衬方向折转并压烫。见图4-15④。

（5）翻烫翻领　将领角翻足、翻尖，止口抻平，领里坐实0.1cm烫实。两领角要对称。见图4-15⑤。

（6）缉压翻领止口　止口明线有宽、窄两种，可由具体款式来决定。一般在0.2～0.6cm。要求领面止口线迹整齐，两头不可接线。最后将领下口按领衬修齐，居中做好眼刀。见图4-15⑥。

服装成衣工艺

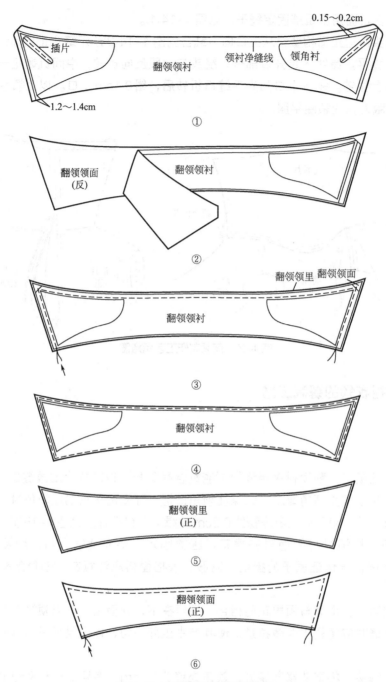

图4-15 翻领制作工艺示意图

2. 做底领

（1）裁配底领衬　底领衬采用涤棉树脂黏合衬斜料。净缝配置。先将底领衬粘烫在底领领面上，再按0.8cm缝头放缝。见图4-16①。

（2）缉底领下口线　沿底领衬下口，领里缝头刮薄浆、包转、烫平，并在正面缉线0.6cm明线固定。上口做好上翻领服刀、中心眼刀。见图4-16②。

（3）底领夹缉翻领　底领面、里正面相合，面在上，里在下，中间夹入翻领，边沿对齐，三层眼刀分别对齐，距底领衬0.1cm缉线。见图4-16③。

（4）翻烫底领　将底领两端圆头内缝修成0.3cm，用大拇指顶住缉线，翻出圆头，将圆头止口烫平，坐进里子，熨烫圆顺，并将底领烫平服。再沿底领止口缉压0.2cm明线，注意起落针均在领口里侧，使以后接线不外露。见图4-16④。

（5）修剪底领缝头　为使第二道压线能盖过第一道缉线，底领面要比包光的领里多放出0.7cm，实际缉缝头0.6cm。然后做上对肩眼刀、对后领圈中心眼刀。见图4-16④。

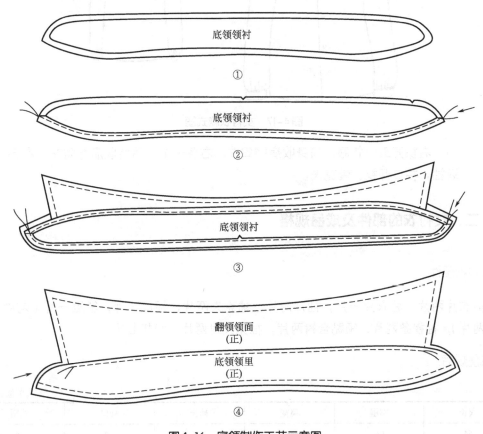

图4-16　底领制作工艺示意图

任务三　女衬衫成品制作工艺

女衬衫的款式千变万化，品种繁多。此款女衬衫是较基本的款式。它造身合体，简洁大方。其制作工艺基本上包括了一般女衬衫的制作要点，因此，它是衬衫制作工艺的学习重点之一。

一、女衬衣外形概述与款式图（见图4-17）

图4-17　女衬衣款式图

小方领，右襟开五个扣眼，前身收肩胸省左、右各一个，后背收肩背省左、右各一个，直腰身，装袖，袖口开衩、装克夫。

二、女衬衣的部件及成品规格

1. 女衬衣部件

前衣片两片，后衣片一片，袖片两片，袖克夫两片，领面一片，领里一片（若中间断开为两片），袖衩条两片，领黏合衬两片，袖克夫衬两片。纽扣七粒。

2. 成品规格

单位：cm

衣长	胸围	肩宽	袖长	袖口	领围
64	96	40	53	20	36

3. 小规格（净）

单位：cm

挂面宽	叠门	袖克夫长/宽	袖衩长/宽
6	1.7	22/4	8/1

三、女衬衣的质量要求

（1）符合成品规格。

（2）领头、领角长短一致，装领左右对称，领面有窝势，面、里松紧适宜。

（3）压缉领面要距离领里脚0.1cm，不要超过0.2cm，不能缉牢领里脚。

（4）装袖层势均匀，两袖前后准确、对称，袖口细裥均匀。

（5）底边宽窄一致，缉线顺直。

四、女衬衣缝制中的重点和难点

1. 装领

2. 装袖

五、女衬衣的工艺流程

做缝制标记→收省→烫门里擦挂面、烫省→缝合肩缝→做领→装领→做袖→装袖→缝合摆缝和袖底缝→装袖克夫→卷底边→锁眼→钉纽→整烫→检验。

六、女衬衣的缝制

1. 做缝制标记（由于面料的不同，可选择打线钉、画粉线、剪眼刀等方法做缝制标记）

（1）前衣片　胸省、挂面宽、叠门宽、底边贴边宽。

（2）后衣片　肩省、底边贴边宽。

（3）袖片　对肩眼刀。

2. 收省

缉缝胸省、后肩省。将衣片正面相叠，上、下层眼刀对准。缉缝时，注意省尖要缉尖，两片省长短要一致。省尖处留线头4cm，打结后剪短。见图4-18。

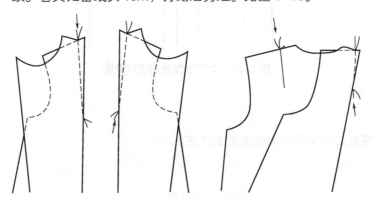

图4-18　女衬衣收省示意图

3. 烫门里襟挂面、烫省

（1）烫门、里襟挂面　门、里襟挂面宽窄按眼刀，从上向下烫。

（2）烫省　从省根向省尖烫。胸省向门襟方向烫倒；后肩省向背中方向烫倒。省尖部位的胖形要烫散，不可有折裥现象。见图4-19。

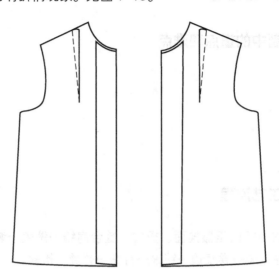

图4-19　女衬衣门里襟挂面、省的熨烫示意图

4. 缝合肩缝

后衣片肩省处要归拢，前衣片胸省处要拔宽，前、后片肩头正面相叠，两省缝对齐，省缝均朝领圈方向坐倒，缉线1cm。然后拷边。见图4-20。

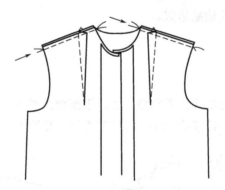

图4-20　女衬衣缝合肩缝示意图

5. 做领

见本项目任务二——常见小方领的缝制工艺。

6. 装领

（1）上领　把挂面按止口折转，领头夹在中间，对准叠门眼刀，领脚与领圈缝头平齐，从左襟开始缉线0.6cm，缉至距离挂面里口1cm处。上下五层剪眼刀。然后把挂面和领面翻起，领里和领圈平齐，继续缉线。缉线时注意对位，后领中缝与后背中线对准，左、右肩缝向后身坐倒，左、右眼刀相距一致。见图4-21。

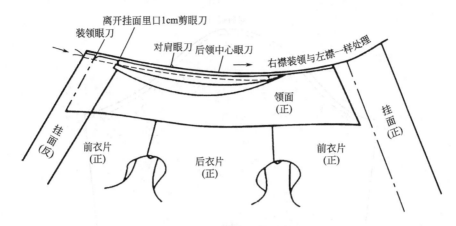

图4-21　女衬衣上领示意图

（2）压领　先把挂面翻正，叠门翻出，领面下口扣转0.6cm，扣光后的领面盖没第一道上领线。从眼刀部位开始缉线，不要缉牢领里。见图4-22。

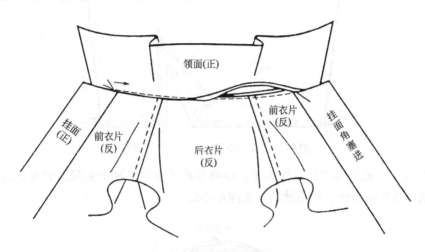

图4-22　女衬衣压领示意图

7. 做袖

（1）做袖衩　见本项目任务——直袖衩的制作工艺。

（2）做袖克夫　见本项目任务——常见女衬衣袖克夫的制作工艺。

8. 装袖子

（1）袖山头抽吃势。

① 用较稀针距在袖山头沿边缉线，缉线不能超过缝头。

② 一般薄料的袖山头不用抽线，厚料的袖山头采用抽线。在袖山头眼刀附近一段，因横丝绺应略少抽些，斜丝绺部位抽拢稍多些，山头向下一段少抽，袖底部位可不抽线。见图4-23。在缉线的同时，可以用右手食指抵做压脚后端的袖片，使之形成袖山头吃势。再根据需要用手调节各部位吃势的分量。

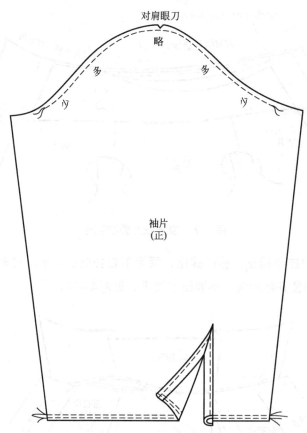

图4-23 女衬衣袖山头抽吃势示意图

（2）装袖子　袖子与大身正面相叠，袖窿与袖子放齐，袖山头眼刀对准肩缝，肩缝朝后身倒，缉线0.8～1cm。然后拷边。见图4-24。

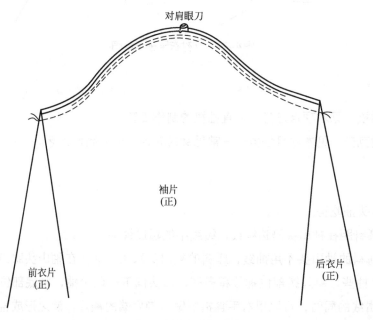

图4-24 女衬衣装袖示意图

9. 缝合摆缝和袖底缝

将衣片正面相合，前衣片放上层，后衣片放下层。右身从袖口向下摆方向缝合，左身从下摆向袖口方向缝合，注意袖底十字缝对齐，上、下层松紧一致。然后再拷边。见图4-25。

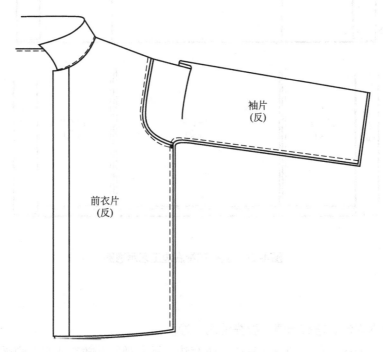

图4-25 女衬衣缝合摆缝、袖底缝示意图

10. 装袖克夫

见本项目任务——常见女衬衣袖克夫的制作工艺。

11. 卷底边

（1）缉缝底边挂面　挂面向正面折转，沿底边线缉线一道。见图4-26①。

（2）缉底边　挂面翻出，折转底边贴边，扣转贴边毛缝，从挂面底边处开始缉线0.1cm。不毛出，不得落针，不起涟。见图4-26②。

12. 锁眼、钉纽

（1）锁眼　门襟锁横扣眼五个。扣眼进出位置在叠门线向止口偏0.1cm。眼大根据纽扣大小，一般为1cm。第一个扣眼位于直开领向下1.5cm，其他扣眼距离根据规格要求。

袖克夫在袖衩折转一边锁眼一个，位于克夫宽正中，置距克夫边1cm。

（2）钉纽　门里襟平齐，钉纽位置与扣眼位置对应，高低一致，进出与叠门线平齐，钉纽五粒。

袖克夫在袖衩放平的一边钉纽一粒，位置与扣眼一致。

服装成衣工艺

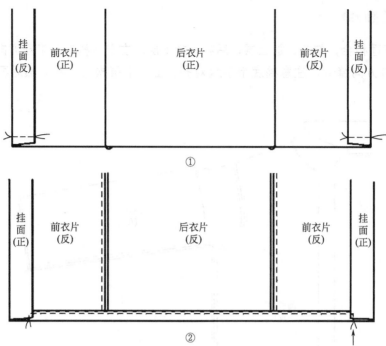

①

②

图4-26　女衬衣卷底边工艺示意图

13. 整烫

熨烫前喷水均匀。若有污渍，要先洗刷干净。

（1）先烫门里襟挂面　扣眼处只烫扣眼旁边，不宜把熨斗放在扣眼上熨烫。

（2）熨烫衣袖、袖克夫　袖口有折裥，要将折裥理齐、压烫，有细裥的则要将细裥放均匀，不要烫平。然后烫袖底缝。烫袖克夫时，可用手拉住袖克夫边，用熨斗横推熨烫。

（3）熨烫领子　先烫领里，再烫领面。然后将衣领翻祈好，没成圆弧状。

（4）熨烫摆缝、下摆贴边和后衣片。

（5）把衣服纽扣扣好，放平，烫平左、右衣片。

14. 检验

检验过程与方法可对照女衬衣的质量要求进行。

任务四　男衬衣成品制作工艺

男衬衣属于四季服装，在男装中占有独特的地位。此款男衬衣是标准款式。其制作工艺基本上包括了男衬衣的制作要点，因此，它是衬衣制作工艺的学习重点之一。

一、男衬衣外形概述与款式图（见图4-27）

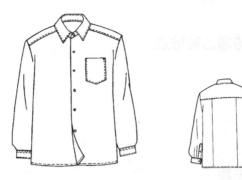

图4-27 男衬衣款式图

尖角翻立领，六粒扣，左胸贴袋一个，装后过肩，后片左、右裥各一个，直腰身，平下摆，装袖，袖口开衩，收三个裥，装圆头袖克夫。

二、男衬衣的部件及成品规格

1. 男衬衣部件

前衣片两片，后衣片一片，过肩两片，贴袋一片，袖片两片，袖克夫面、里、衬各两片，宝剑头袖衩大、小各两片，翻领面、里、衬各一片，底领面、里、衬各一片，领角衬、插角片各两片，纽扣十粒。

2. 成品规格

单位：cm

衣长	胸围	肩宽	袖长	袖口	领围
72	110	46	58.5	24	39

3. 小规格（净）

单位：cm

挂面宽门/里襟	袖克夫长/宽	袖衩长/宽	底边贴边
4/2.5	26/6	11/1.3	1.5

三、男衬衣的质量要求

（1）领头平挺，两角长短一致，并有窝势。领面无起皱，无起泡。缉领止口宽窄一致，无涟形。

（2）装领处门襟上口平直，无歪斜。

（3）装袖圆顺。两袖克夫圆头对称，宽窄一致，明止口顺直；左、右袖衩平服，无裥、无毛出；袖口褶裥均匀。

（4）门襟长短一致，宽窄一致。

（5）整烫平挺，无烫黄，无污迹，无线头。

四、男衬衣缝制中的重点和难点

1. 做领

2. 装领

五、男衬衣的工艺流程

做缝制标记→烫门里襟挂面→做、装胸贴袋→装过肩→缝合肩缝→做领→装领→做袖→装袖→缝合摆缝和袖底缝→装袖克夫→卷底边→锁眼→钉纽→整烫→检验。

六、男衬衣的缝制

1. 做缝制标记

（1）前片　挂面宽、胸袋位、底边贴边宽。

（2）后片　打裥位、后背中心、底边贴边宽。

（3）袖片　对肩眼刀、袖口折裥位。

（4）过肩面　后领圈中心、后背中心。

2. 烫门里襟挂面

门里襟挂面宽窄按眼刀，从上向下烫（同女衬衫）。男衬衫由于排料关系，习惯上门襟挂面略宽，里襟挂面略窄。

3. 做、装胸贴袋

（1）做胸贴袋　袋口贴边毛宽6cm，两折后净宽3cm，袋口贴边不缉线。其余三边按净样板扣光毛缝0.6cm。见图4-28。

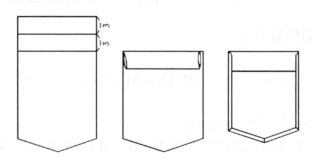

图4-28　男衬衣胸贴袋制作工艺示意图

（2）装胸贴袋 装袋位置的高低、进出必须按缝制标记要求，放端正，不歪斜。如有条格要对齐。从左起针，止口0.1cm，封袋口为直角三角形，最宽处止口为0.5cm，长以贴边宽为准，左右封口大小相等。见图4-29。

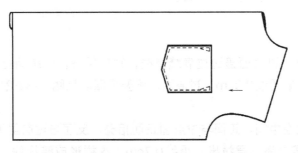

图4-29 男衬衣装胸袋工艺示意图

4. 装过肩

（1）烫过肩面 将过肩面肩缝扣光缝头0.6～0.7cm。注意肩缝不要拉还。见图4-30。

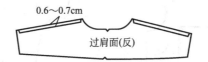

图4-30 男衬衣过肩面扣烫示意图

（2）装过肩 过肩里正面向上放下层，大身正面向上放中层，过肩面反面向上放上层，三层平齐，缉线0.7cm。注意眼刀对齐，后片正面左、右按眼刀各向袖窿方向打裥一个。见图4-31①。

（3）烫过肩 将过肩面翻正，烫平。再将过肩里翻正，烫平。照过肩面修剪领圈，做好领圈中心标记，左、右肩缝比面子放出0.4～0.5cm，再在"三合一"处缉明线0.1cm。见图4-31②。

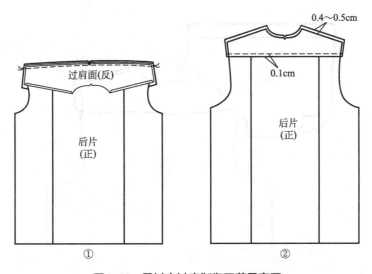

图4-31 男衬衣过肩制作工艺示意图

服装成衣工艺

5. 缝合肩缝

（1）缉肩缝　后身放在下层，过肩里肩缝正面与前肩缝反面相对，放齐，领口处平齐，缉线0.6cm。肩缝不可拉还。见图4-32①。

（2）压肩缝。

方法一：

肩缝向过肩坐倒，过肩面盖过过肩缝缉线，领口平齐，压缉明止口0.1cm。注意夹里不能缉牢，但离开不能超过0.3cm。过肩面、里要平服。见图4-32②。

方法二：

前片正面向上放在中间，正面与过肩面正面相叠，反面与过肩里正面相叠，肩缝放齐，领口处平齐，从领圈内将三层拉出，缉线0.7cm。这样形成暗缉线，在正面就没有明线。如需明线，再在肩缝处缉明线0.1cm。见图4-32③。

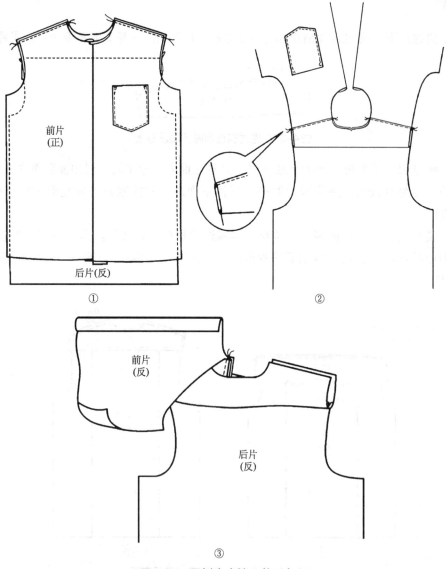

图4-32　男衬衣肩缝工艺示意图

6. 做领

见本项目任务二——男衬衣领子的制作工艺。

7. 装领

（1）装领 底领领面的下口与衬衫领圈对齐，正面相对，起落针时，底领比门里襟缩进0.1cm，从门襟开始缉线0.6cm。注意眼刀分别对准相应部位。见图4-33。

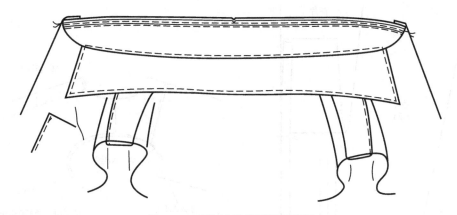

图4-33 男衬衣装领工艺示意图

（2）压领 从右边的里襟底领上口断线处接着缉线，经过圆头时，缉0.15cm止口，至底领领里的下口，缉线0.1cm。见图4-34。

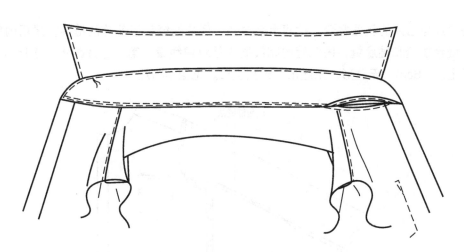

图4-34 男衬衣压领工艺示意图

8. 做袖、做袖克夫

（1）做袖衩 见本项目任务一——袖衩的制作工艺。

（2）固定袖口裥 袖口三个裥，折裥向后袖方向折叠，缉线固定。也可在装袖克夫的同时再按折裥眼刀打裥。见图4-35。

（3）做袖克夫　见本项目任务——男衬衣袖克夫的制作工艺。

9. 装袖

采用内包缝的缝法装袖。将袖窿弧线对折，找出中点与袖山中点对齐，袖子与袖窿正面相叠，用袖子的缝头包袖窿的缝头，内包缝线迹是正面明线宽0.5～0.8cm，无涟形，无夹止口。见图4-36。

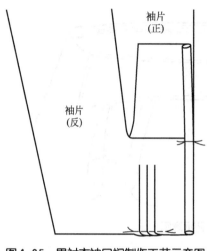
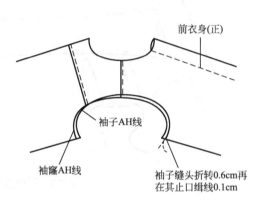

图4-35　男衬衣袖口裥制作工艺示意图　　图4-36　男衬衣装袖工艺示意图

10. 缝合摆缝和袖底缝

将前片与后片的反面叠合，袖底十字对齐，后片的缝头包前片的缝头，采用内包缝的缝法，缝合摆缝和袖底缝，内包缝的明线要求是双道线缉：第一道线距止口0.1cm，第二道线距止口0.6cm，无涟形，无起吊，无夹止口。见图4-37。

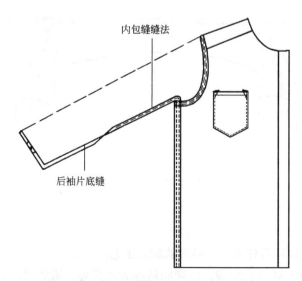

图4-37　男衬衣摆缝和袖底缝工艺示意图

11．装袖克夫

用装袖衩的夹缉方法装袖克夫，缉0.1cm止口。注意宝剑头袖衩的门里襟袖衩都放平，袖裥朝后袖方向折转。起落针两头要塞足塞平，袖衩长短要平齐，止口宽窄一致，无反吐。见图4-38。

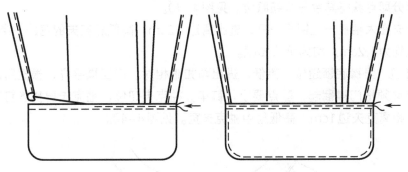

图4-38　男衬衣装袖克夫工艺示意图

12．卷底边

（1）校准门里襟长短　领口处并齐，门里襟对合，校准门里襟长短，允许门襟比里襟长0.2cm。

（2）卷底边　按贴边内缝0.7cm，贴边宽1cm折转，从门襟底边开始向里襟缉线，止口线0.1cm，起落针回针，两端平齐，中间平服不起皱。见图4-39①②。

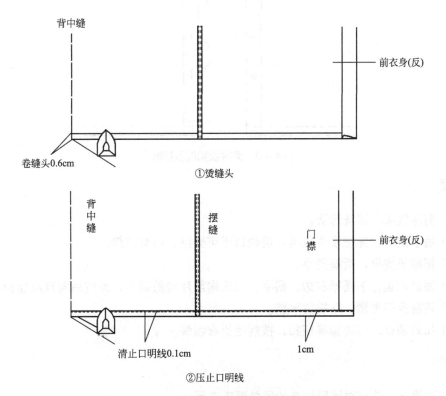

图4-39　男衬衣卷底边工艺示意图

13. 锁眼、钉纽

（1）锁眼　门襟底领锁横扣眼一个，以外领脚直线为准，向外偏出纽眼长的2/3，纽眼位高低居座领头宽中部为第一个（横眼），门襟锁直扣眼五个，定好最下边的扣眼位，然后等分定其他扣眼位；也可以将第二颗眼位距离第一颗6～7cm，第二个眼位与第六个眼位间的距离等分即可获得其余三个纽眼位。见图4-40。

每只克夫在大袖衩一边锁眼一只，进出离边1.2cm，高低居克夫的宽的一半处。

扣眼大均为1.2cm，均为平头扣眼。

（2）钉纽　里襟底领纽位，高低、进出与扣眼相对。门里襟平齐，根据所定纽眼位钉扣。钉扣时必须把门襟翻起，基点要小，钉牢。袖克夫纽位，袖克夫里襟各钉纽一粒，进出以纽扣边距离克夫边1cm，高低居中袖克夫宽。见图4-40。

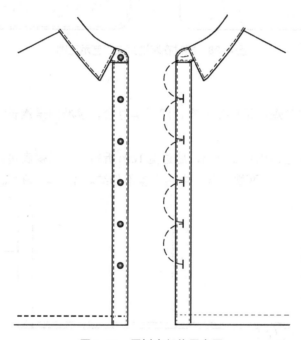

图4-40　男衬衣扣位示意图

14. 整烫

（1）剪净线头，清洗污渍。

（2）喷水熨烫，先把领头烫挺，前领口不可烫煞，留有窝势。

（3）把袖子烫平，折裥烫平。

（4）领放左边，下摆朝右边，摆平，门里襟前片向前翻开，熨烫后背及反面折裥。

（5）将前身门里襟、贴袋烫平整。

（6）扣好领口、门里襟等纽扣，按规定折衣包装。

15. 检验

检验过程与方法可对照男衬衣的质量要求进行。

思考与练习

第一模块　理论知识

1. 写出男、女衬衣的工艺程序。

2. 男、女衬衣的质量要求各是什么？

3. 女衬衣收省有什么要求？

4. 怎样做好女衬衣领？怎样装好女衬衫领？

5. 怎样抽细裥和掌握袖山吃势？

6. 怎样装直袖衩和宝剑头袖衩？

7. 怎样装好男、女衬衣袖子？

第二模块　技能测试

女衬衣样衣缝制，完成女衬衣的缝制并熨烫。

项目五
马甲缝制工艺

MAJIA FENGZHI GONGYI

实训目的

　　了解男西式马甲的款式特征和工艺流程；掌握相应的零部件的缝
纫技巧及用途；能熟练进行马甲的制作。

重难点分析

　　重点：男西式马甲的缝制工艺
　　难点：开袋、装领贴边

案例导入

　　下面是仿照××××服饰有限责任公司生产任务书设计的男西式马甲生产任务书，要求学生参照生产任务书上的有关信息，制定出样衣设计任务书，并按照任务书中M号样衣的规格完成样衣试制任务。

（一）生产指示书

××××服饰有限责任公司

内/外销合约	内销			编号	2009-M-50	
品名	男西式马甲			交货期		2009年6月10日
品号				生产量		680（件）
订货责任人	范守义			款式图及面料小样		

面料颜色	规格				数量（件）	款式图及面料小样
	S	M	L	XL		
藏青	50	50	30	40	170	
黑色	50	50	30	40	170	
藏青暗条	50	50	30	40	170	
紫色	50	50	30	40	170	
生产厂家	××××服饰有限责任公司	样板负责人	李明	设计负责人		王晓蕾
生产负责人	张红	生产管理负责人	李明	素材输入日期		2009年6月12日

（二）设计任务书

编号：2009-M-50　　　　　　编制单位：××××服饰有限责任公司

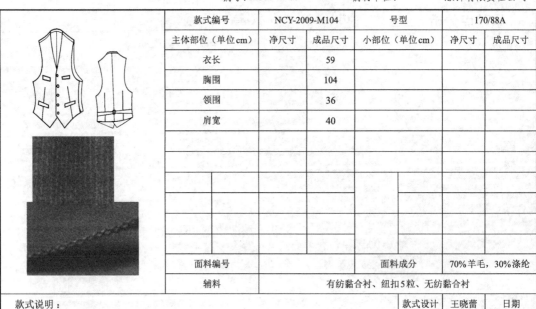

款式编号	NCY-2009-M104		号型	170/88A	
主体部位（单位cm）	净尺寸	成品尺寸	小部位（单位cm）	净尺寸	成品尺寸
衣长		59			
胸围		104			
领围		36			
肩宽		40			
面料编号			面料成分	70%羊毛，30%涤纶	
辅料			有纺黏合衬、纽扣5粒、无纺黏合衬		

款式说明：

"V"形领，单排五粒扣，四开袋，前、后衣身收省，后腰束腰带。前衣身面料与西服面料相同，后衣身用西服的里料制作，贴边、后小领为面料，全里子。

款式设计	王晓蕾	日期
样板	李明	2009.06.3
样衣	肖静	2009.06.3
推板	赵平	2009.06.5
复合	纪晓	2009.06.5

编制时间：2009.06.4

任务一 马甲手巾袋制作工艺

马甲手巾袋主要起烘托主题的作用，其制作工艺如下：

1. 定袋位

在衣片的正面画出袋位。

2. 做袋片

（1）按袋片净样裁剪袋口衬，袋口衬选用树脂衬，纱向同大身。

（2）在袋牙上粘有纺衬，并按手巾袋大身丝绺，对条对格找出袋片位置，将树脂衬同手巾袋牙黏合。

（3）袋牙布按上口放2.0cm，其余三边放1.0cm裁好，见图5-1。

（4）扣烫袋牙、合袋布。扣烫袋片两边缝份，再扣烫上口，把折痕处三角剪去。按缝份将里袋牙与上袋布正面相对合缉。见图5-2。

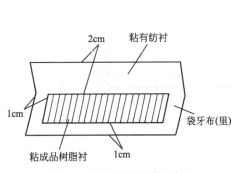

图5-1 手巾袋牙放缝示意图

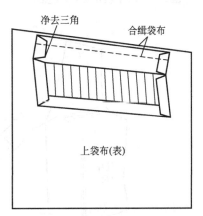

图5-2 手巾袋片扣烫工艺示意图

3. 开袋

（1）将垫袋下口按1.0cm折烫好，0.1cm明线缉在下袋布上，见图5-3所示。

（2）缉袋口线 将袋片置于袋口下线，缉缝袋口下线；然后将下袋布的垫袋置于袋口上线，掀起下袋布，缉缝袋口上线，缉缝时，两条缉线要保持平行，间距为1.2～1.4cm，且要保证袋片丝绺同大身丝绺相符。为了避免袋角毛出，袋口上线两端各比袋口下线两端缩进0.2cm，缉线两端止点用来回针固定。见图5-4。

（3）在两条缉线中间开剪，两边剩余1～1.5cm剪三角，三角剪至距缉线止点0.1cm处。见图5-5。

（4）固定袋口止口 将下袋布放平，把袋垫与前衣身止口劈缝，置于下袋布上，沿劈缝线缉0.1cm明线两道，固定袋口线。再把袋片下缝份与前衣身止口劈缝，将前衣身止口和上袋布用暗线缉缝，见图5-6。

服装成衣工艺

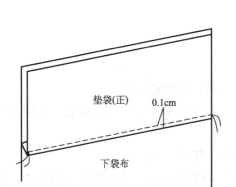

图5-3　装下袋布工艺示意图

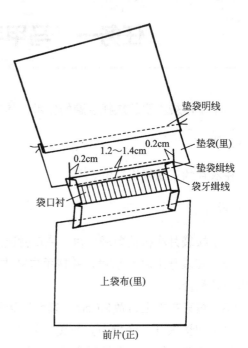

图5-4　缉袋口线工艺示意图

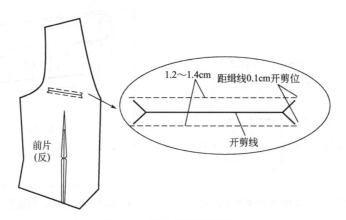

图5-5　手巾袋开袋示意图

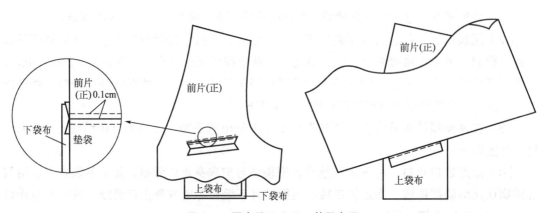

图5-6　固定袋口止口工艺示意图

（5）封袋布 将前片掀起，以1cm止口缉缝袋布三边，缉缝时止口要均匀，头尾倒回针加固。见图5-7。

（6）封袋口 封袋口有两种方法：一种是平缉双止口，间距0.5cm，见图5-8①；另一种是暗缲针方法，见图5-8②。缉缝时一定要封住三角位毛边，且保持袋爿平服。

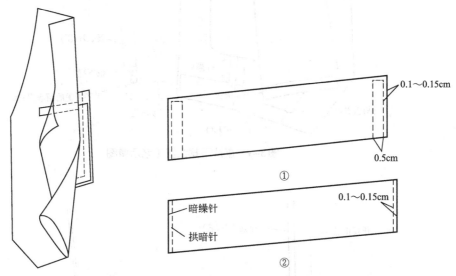

图5-7 兜缉手巾袋布工艺示意图　　　　　　图5-8 手巾袋封袋口工艺示意图

4. 烫手巾袋

将手巾袋放在布馒头上，正反两面进行熨烫。熨烫时要注意手巾袋袋位处的胸部胖势。

任务二　马甲侧缝开衩工艺

马甲侧缝开衩制作工艺如下：

1. 缉前片下摆

前片下摆折边与里子正面相对，缝份对齐勾缉下摆，下摆折边缝份与省缝份机缝擦点。翻出正面熨烫下摆，里子留出双折1.0cm虚量，见图5-9。

2. 做前片开衩

以下摆折边线为准对折前表、里衣片（里子虚量保持不变），在下摆侧缝按缝份缉线到开衩止点，止点处缝份打剪口，翻到正面熨烫开衩，把剪口以上缝份翻出烫好，剪刀眼时注意两格衩长短一定要保持一致。然后将摆衩缝处扣转、烫平，用丝线缲牢。见图5-10。

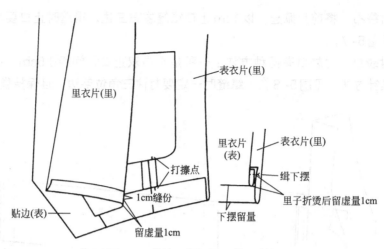

图5-9 前片下摆缉缝工艺示意图

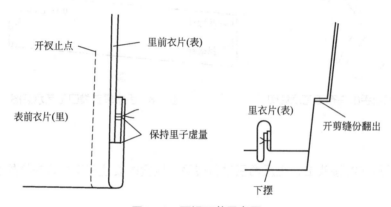

图5-10 开衩工艺示意图

任务三 男西式马甲的制作工艺

西服马甲主要是与西服配套的，结构比较稳定，多数为"V"字领，单排扣，搭门五粒或六粒明纽扣，四开袋，收腰省，前身面料用西服面料，后背面料用西服的里子面料。

一、男西式马甲外形概述与款式图

男西式马甲是男西服的配套成品，前衣身面料与西服面料相同，后衣身用西服的里料制作，贴边、后小领为面料，全里子。外形为"V"字领，单排五粒扣，四开袋（也有两开袋、三开袋），前、后衣身收省，后腰束腰带，见图5-11。

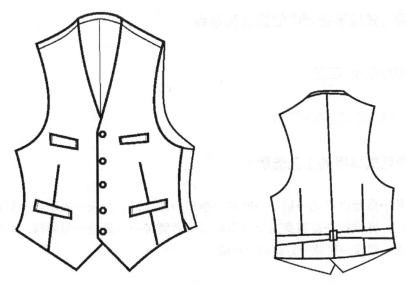

图 5-11 男西式马甲款式图

二、男西式马甲的部件及成品规格

1. 男西式马甲部件

（1）面料 前衣片两片；挂面两片；大、小袋爿各两片，后小领一片。

（2）里料 前身夹里两片；后身面与夹甲左、右各两片；后腰带四片。

（3）衬料类 前身有纺衬；袋爿有纺衬、成品树脂衬；无纺衬若干；直丝牵条若干。

（4）其他 拉芯扣一枚；纽扣五粒；大、小袋布各四片；丝线若干等。

2. 成品规格

单位：cm

号型	规格	衣长	胸围	肩宽	前腰节
175/96A	尺寸	59	104	40	42

三、男西式马甲的质量要求

（1）各部位规格正确，面、里、衬松紧适宜，不吊紧，无开线、断线、跳针现象，熨烫平服，整洁美观。

（2）开袋方正，袋口松紧适度，袋爿宽窄一致，条格相符，左右对称。

（3）胸部饱满，条格顺直，止口不搅不豁，长短一致。

（4）背部平挺，背缝顺直，不起吊，摆衩高低一致。

（5）肩部平服，丝绺顺直，袖窿不紧不还，左右一致。

（6）"V"领领型平服、顺畅，左右对称。

（7）扣眼位及纽扣位置准确，不紧不吊。

四、男西式马甲缝制中的重点和难点

1. 重点：手巾袋的制作工艺

2. 难点：装领贴边工艺；袖窿工艺

五、男西式马甲的工艺流程

检查裁片→做缝制标记→粘衬→收省→推门→做袋片、开袋→敷牵条→复挂面、翻止口→装领贴边、做摆衩→复前身夹里→做后背→做腰带→合肩缝→封腰带、装拉芯扣→拼摆缝→缲夹里→锁眼→整烫→钉纽扣→检验。

六、男西式马甲的缝制

1. 检查裁片

在制作前首先对裁片进行检验，以防裁片中出现残次或遗漏现象。

2. 做缝制标记

男西式马甲做标记主要部位在前衣片上。具体位置有：叠门线、眼位线、省缝线、腰节线、袋位线、底摆线、领贴边线、开衩止点，见图5-12。

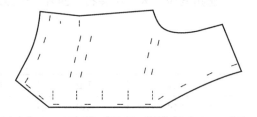

图5-12 打线钉示意图

3. 粘衬

将前衣片、袋片、领贴边粘有纺黏合衬，见图5-13。

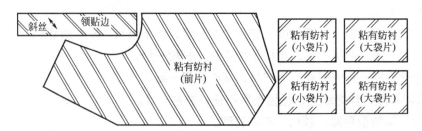

图5-13 粘衬示意图

4. 验片

将西式马甲样板复合在裁片上，把多余的布料修剪掉，保证成品规格的正确。

5. 做省

根据面料的不同，省的做法也不尽相同，一般有以下三种做法：一是把省剪开、劈缝，省尖坐倒或省肩部分垫省条劈缝；二是全省垫省条然后劈缝；三是不开剪也不垫省条，而是直接倒缝的方法。我们按方法一来做。

（1）开省　前衣片反面画出省位，然后开省。按照标记画出省位，用剪刀沿省道中线剪开，剪到距省尖4cm处。见图5-14①。

（2）缉省　将衣片正面相对，对齐腰省，缉缝腰省，省尖保留3～4cm线尾，以防脱散。见图5-14②。

（3）烫省　劈烫省位，若腰省量较大时，可在腰节缝份处打剪口，确保熨烫平服。省尖处可插入针尖，向两边等量熨烫，见图5-14③。最后在省尖处粘无纺衬固定缝份。见图5-14④。

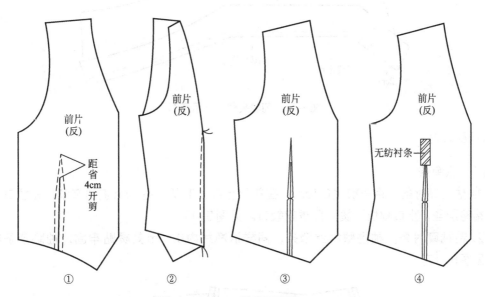

图5-14　做省示意图

6. 推门

（1）烫省　在腰节处省缝略微拔开，并向止口方向推弹，以使腰节不起吊。

（2）归烫袖窿　将袖窿斜丝绺归烫，将胖势推向胸部。

（3）归烫领口线　归烫领口斜丝绺，将直丝略微推向胸部，使胸部产生胖势。

（4）拔烫止口　用熨斗顺势将止口伸长，使止口处丝绺顺直、平挺。见图5-15。

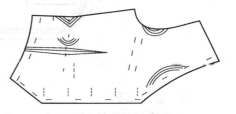

图5-15　推门示意图

7. 开袋

（1）开胸袋　开袋工艺见本项目任务一。

（2）开大袋　方法同开胸袋，大袋要规格一致，左右对称；且大袋与上方的胸袋的前袋角要对齐于同一条垂线上。

8. 做前身夹里

（1）收省　缉省，并熨烫省缝倒向侧缝。

（2）缉合挂面　合缉前片夹里与挂面，夹里略带量，缝份倒向夹里，缝份1cm，距下摆2cm处止，并将挂面止点缝份打0.5 ~ 0.7cm剪口，剪口以下缝份扣向反面（目的是手缝时保证光边，不露毛茬），熨烫平服。见图5-16。

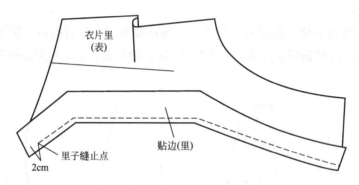

图5-16　前身夹里工艺示意图

9. 装前身夹里

（1）敷牵条

① 粘止口衬条。距净粉线0.1cm，在前片止口、下摆处粘1cm直丝牵条，在领口与尖角两端略紧些，止口部位平烫。归烫前领口。见图5-17。

② 粘袖窿衬条。袖窿敷斜丝牵条，同样沿净线内0.1cm处烫贴牢固，袖窿牵条应略紧。见图5-17。

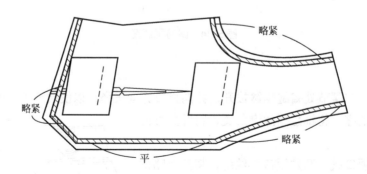

图5-17　牵条工艺示意图

（2）止口工艺

① 敷挂面。将挂面与前衣片正面相对，对齐止口用手针固定。挂面吃势见图5-18。

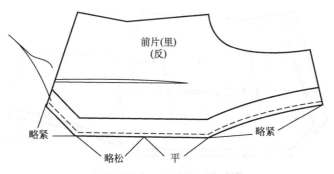

图5-18 挂面吃势工艺示意图

② 缉止口。大身朝上，沿止口净粉缉线，并将止口缝份修剪成梯形，大身缝份0.8cm，挂面0.5cm，下摆下角处只留0.2cm。

③ 烫止口、折下摆。先将止口缝份都向前片扣烫，且扳进0.1cm，烫实、烫薄；接着翻出正面烫止口，面吐出0.1cm；再将下摆贴边扣烫实，夹里贴边1cm处扣烫好。见图5-19。

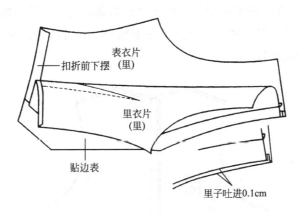

图5-19 烫止口工艺示意图

（3）修剪夹里 以前衣片面料为准修剪夹里，袖窿比面料小0.3cm，肩缝与侧缝与面料大小一致。见图5-20。

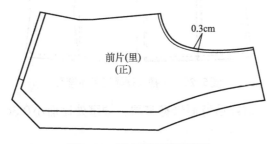

图5-20 净夹里工艺示意图

（4）缉下摆 将下摆贴边与夹里组合。

（5）做摆衩 摆衩工艺见本项目任务二。

（6）固定缝份 把止口、下摆处缝份用三角针固定在相应部位的有纺衬与面料上。见图5-21。

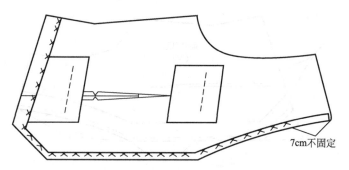

图5-21　固定缝份工艺示意图

10. 做后背

（1）收省　分别将面与夹里的腰省按样板定位缉缝，其位置与大小要统一。

（2）合背缝　分别将面与夹里的两个后片正面相对，对齐中缝沿净粉线由上向下缉缝。

（3）整烫后身　夹里、面的腰省缝全部倒向侧缝，烫倒；夹里、面的后中缝如图5-22所示，倒向相反，同时里层的后中缝留出0.5cm的松量，而面的后中缝不留松量。

（4）合下摆与摆衩　将后片面与夹里的正面相对，对齐底边，合缉下摆及摆衩，见图5-22，再翻烫，面吐出0.1cm。

后片
（反）

图5-22　下摆与摆衩工艺示意图

（5）修剪夹里缝份　对照后背面修剪夹里，袖窿处比面小0.3cm，肩缝、领口、侧缝均与面料大小一致。

（6）上领口条　将领口条对折烫好，自折烫处归烫，将直领烫弯。将归拔好的后领分别与面与里的领窝合缉，缝份1cm，并将缝份打剪口，扣烫，缝份倒向里料一侧，见图5-23。

11. 合肩缝

（1）缉缝肩缝　将前后片的肩部摊开，正面相对，合缉肩缝。注意后领口条宽度中点

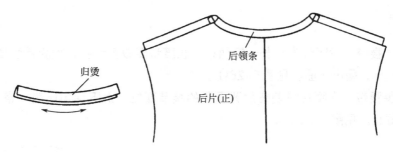

图5-23　上领口条工艺示意图

与前止口点对正。见图5-24。

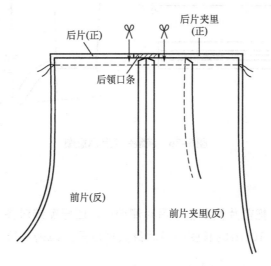

图5-24　合肩缝工艺示意图

（2）烫肩缝　在后领口条的缝份附近打剪口，剪口之间劈烫，其余缝份均倒向后片。

12.合袖窿

（1）缉袖窿　将袖窿处面、里对齐，合缉袖窿。注意缉线圆顺。见图5-25。

（2）烫袖窿　将圆弧部分均匀大剪口，再将袖窿缝份向里层扳进0.1cm扣烫，将前片缝份绷缝到面料上。翻出正面袖窿后，面要吐出0.1cm，将袖窿止口烫实。

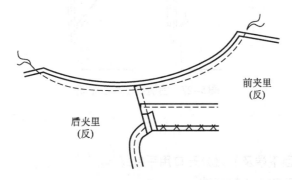

图5-25　袖窿工艺示意图

13. 装腰带

（1）做腰带　后腰带为一长一短两根，长腰带要做宝剑头，短腰带装拉芯扣，车缉之后，分缝烫平，翻出正面。见图5-26①。

（2）装腰带　将腰带缉装在后背面子的腰节部位，上下均匀压缉一道0.1cm的明线，到省缝处截止。见图5-26②。

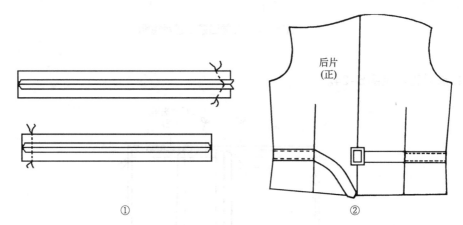

图5-26　装腰带工艺示意图

14. 合侧缝

将后背翻到反面，把前片侧缝塞入后片侧缝中，四层侧缝对齐、对准缉缝。左侧缝只缉合上下两端，在中部10cm的长度内将后身夹里掀开只缉缝三层，留出翻身开口，见图5-27。

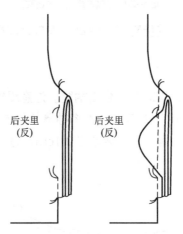

图5-27　合侧缝工艺示意图

15. 手针工艺

（1）缲夹里　挂面下端及侧缝处开口用手针缲牢。

（2）打套结　在开衩止口打套结。

（3）锁眼　在门襟格开横眼五个，眼位高低按照线丁，进出离止口约1.5cm，纽眼大约1.8cm。

16. 整烫

整烫之前将线丁拆掉，准备好干、湿两块烫布及铁凳、布馒头等熨烫工具。

整烫步骤：

（1）熨烫前衣片　将前身放在布馒头上，从肩肘部、油窿至胸部、袋口，要求熨烫平服，丝绺顺直，胸部饱满。

（2）烫止口　把前身平放在桌板上，将止口烫薄、烫煞。

（3）熨烫后身　将后身放在布馒头上，熨烫平服。

17. 钉纽扣

纽位与纽眼平齐，纽扣纽脚高0.3cm。

18. 检验

检验过程与方法可对照男西式马甲的质量要求进行。

思考与练习

第一模块　理论知识

1. 写出男西式马甲的工艺流程。
2. 男西式马甲的质量要求是什么？
3. 试说明男西式马甲推门工艺的要求和方法。
4. 怎样做西式马甲的口袋？
5. 怎样装西式马甲的后领条？
6. 怎样整烫西式马甲？

第二模块　技能测试

男西式马甲样衣缝制，完成男西式马甲的缝制并熨烫。

项目六
西服的缝制工艺

XIFU DE FENGZHI GONGYI

实训目的

　　了解男、女西服款式特征和工艺流程；掌握相应的零部件的缝纫
技巧及用途；能熟练进行男、女西服的制作工艺技术

重难点分析

　　重点：男、女西服的缝制工艺
　　难点：做领、装领、做袖、装袖

案例导入

下面是仿照××××服饰有限责任公司生产任务书设计的男西服生产任务书，要求学生参照生产任务书上的有关信息，制定出样衣设计任务书，并按照任务书中M号样衣的规格完成样衣试制任务。

（一）生产指示书

××××服饰有限责任公司

内/外销合约 内销					编号 2008-N-628			
品名	男西服				交货期		2008年4月2日	
品号					生产量		680（件）	
订货责任人	范守义				款式图及面料小样			
面料颜色	里料颜色	规格				数量（件）		
		S	M	L	XL			
黑	黑	50	50	30	40	170		
灰	灰	50	50	30	40	170		
紫色	驼色	50	50	30	40	170		
深蓝	深蓝	50	50	30	40	170		
生产厂家	××××服饰有限责任公司	样板负责人		李明		设计负责人		王晓蕾
生产负责人	张红	生产管理负责人		李明		素材输入日期		2008年3月10日

（二）设计任务书

编号：2008-N-628　　　　　　　　编制单位：××××服饰有限责任公司

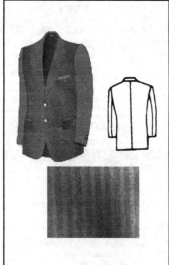

款式编号	XZ-2008-N628		号型		170/88A
主体部位（单位cm）	净尺寸	成品尺寸	小部位（单位cm）	净尺寸	成品尺寸
衣长		76	驳头宽		8
胸围	88	108	领角		3.5
肩宽	45	46	驳角		4
袖长		61	缺嘴		5
袖口		15	手巾袋	大	10
				宽	2.5
			大袋	大	15.5
				宽	5.3
面料编号	MD-1325		面料成分		毛涤
里料编号	YS-260		里料成分		斜纹里子绸
辅料					

款式说明：
平驳头，圆下角，两粒扣，三开袋，大袋双嵌线装袋盖，前身肋省收到底，不开衩，袖口做真衩，钉装饰纽三粒。

	款式设计	王晓蕾	日期
	样板	李明	2008.03.21
	样衣	肖静	2008.03.22
	推板	赵平	2008.03.23
	复合	纪晓	2008.03.24

编制时间：2008.03.20

任务一 西服内袋的制作工艺

一、西服内袋的制作工艺

常见的女西服的里袋为隐藏在挂面与前身夹里的缝合缝中。做法如下：

材料准备：袋布（上下两片），整烫好的小花边若干。

1. 做袋口花边

为了使袋口美观，袋口镶夹锯齿形袋口花边。将边长3 ~ 4cm的正方形里子布经过两次对折熨烫后，将所得的小三角朝一个方向夹叠，紧密排列，再缉一趟线将其固定，宽窄以美观为主，但不宜过宽，一般以1cm为宜，数量以袋口大为依据调整三角个数，13~14个即可。里袋一般设在左侧，在胸围线附近预设里袋的袋口上下端点，袋口长13~14cm。见图6-1。

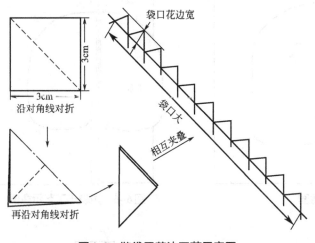

图6-1 做袋口花边工艺示意图

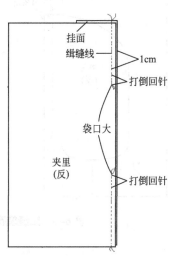

图6-2 定袋位工艺示意图

2. 定袋位、合挂面、做里袋

（1）把左侧挂面和里子正面相对缉缝，在袋口端点打倒回针。将缝份倒向里子。见图6-2。

（2）袋口花边塞在袋口处，熨烫平整。见图6-3。

（3）将花边与前身里布缝合，缝份1cm。缝合后轻轻整烫一下。见图6-4。

（4）上袋布。首先，将袋布与挂面在袋口的相应位置正面相对，按0.8cm缝份缝合。接着，将另一片袋布与花边缝好，注意对齐袋布上下的位置，缝份0.8cm。见图6-5。

（5）烫袋布。两片袋布上完之后，轻轻熨烫一下。缝份倒向夹里，见图6-6。

（6）缉合袋布。将两层袋布边缘对齐，缝头向夹里坐倒，按1.5cm缝份缝合，在袋口大两端缉来回针三至四道加固，见图6-7。

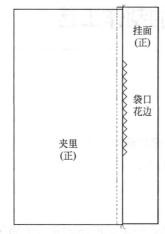

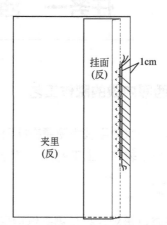

图6-3　袋口花边定位工艺示意图　　　图6-4　固定袋口花边工艺示意图

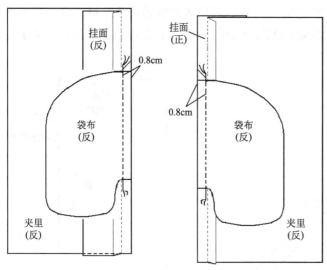

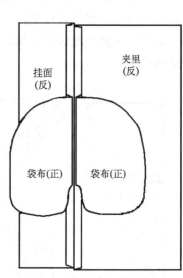

图6-5　缉缝袋布工艺示意图　　　图6-6　烫袋布工艺示意图

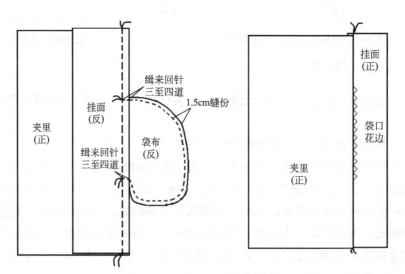

图6-7　合缉袋布工艺示意图

二、男西服内袋的制作工艺

通常男西服左右里衣片各有一个双嵌线袋，一般左侧为扣鼻，右侧为三角袋（现在又流行在袋口安装拉链），方法与西服大袋做法相同，只是把大袋盖换成三角袋盖。有时在左侧衣身做卡袋、笔袋等，方法与里袋做法相同，只是没有袋盖。做法如下：

1. 做三角袋盖

三角袋盖用里料制作，取11cm大的正方形里料，在反面烫衬后按经向对折成长方形，再以中折线对折三角而成。在0.5cm缝份处缉一道线固定，见图6-8。

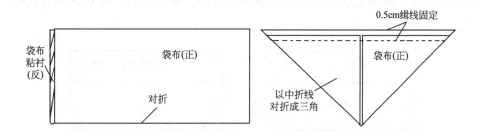

图6-8　三角袋盖制作工艺示意图

2. 扣鼻的做法

扣鼻用里料制作，取一长7cm，宽2cm的里布条，对折成1cm宽，以0.5cm缝份缉线，缝份净成0.3cm劈缝翻烫，折转做成扣鼻（扣鼻也可对折，直接缉明线而成）见图6-9。

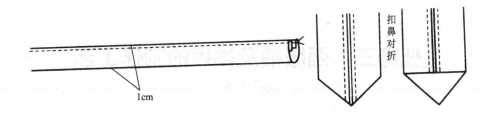

图6-9　扣鼻制作工艺示意图

3. 开袋

开袋方法见项目三任务二—挖袋工艺。

4. 固定袋盖（扣鼻）

在固定袋垫时将袋盖（扣鼻）固定在袋垫上即可，然后按照步骤做袋布即可。

服装成衣工艺

任务二　西服大袋盖的制作工艺

女西服大袋是由袋盖面、袋盖里、开线条、垫袋布、口袋布等组成，袋盖的制作方法如下：

（1）袋盖里放缝，见图6-10①。

（2）袋盖面放缝，见图6-10②。

（3）把袋盖面放在下层，袋盖里放在上层，边缘对齐，沿袋盖里净粉线缉缝，见图6-10③。

（4）清剪袋盖缝份至0.4cm。然后翻出袋盖面，烫平止口，使面吐出0.1cm。见图6-10④。

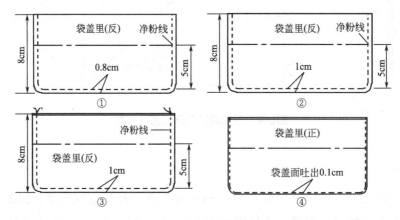

图6-10　大袋盖工艺示意图

任务三　西服袖及袖衩的制作工艺

常见的西服袖衩工艺有两种：一种是简做工艺，常用于女西服的袖子工艺；另一种是精做工艺，常用于男西服的袖子工艺。

一、女西服袖及袖衩的简做工艺

1. 缉合内袖缝

把大小袖的袖肘点对准，缉合内袖缝，劈烫缝份，并归拔袖片，见图6-11。

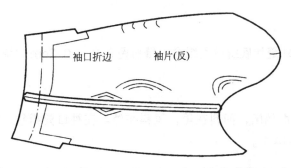

图6-11 袖子归拔工艺示意图

2. 缉合外袖缝及袖衩

把大小袖的袖肘点对准，小袖片在上，从上向下缉合外袖缝，到开衩上端随开衩造型拐出，到袖口折边处再拐回到外袖缝线上，向下缉合到袖口。将开衩折边处的缝份清剪掉。见图6-12。

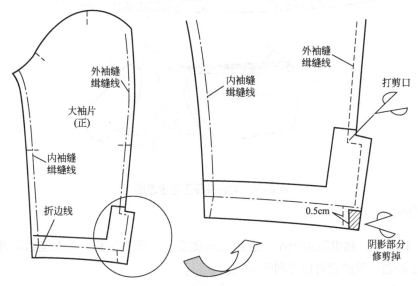

图6-12 缉缝袖衩工艺示意图

3. 烫外袖缝、袖开衩

开衩处倒缝烫平，缝份倒向大袖，其余劈缝烫平。开衩倒缝烫迹线要与缉缝顺直。见图6-13。

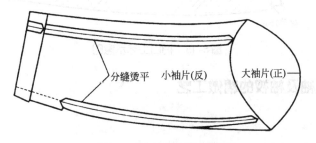

图6-13 烫袖衩工艺示意图

4. 做袖夹里

将前后袖里子的外缝和底缝分别缉合，缝份留0.2～0.3cm虚量向大袖一侧烫倒。

5. 勾合袖子

将袖子面、里反面翻出，面料在里，里料在外。在袖口处缉线，然后用三角针将贴边固定在面上，见图6-14①。

6. 在袖缝处加缉一道线（上下留空7～8cm），起固定作用，见图6-14②。

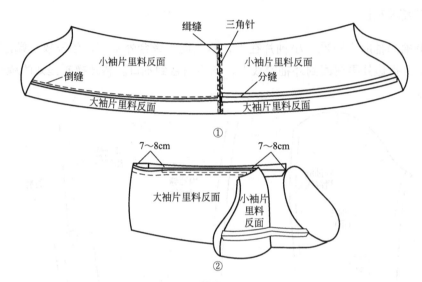

图6-14　勾合袖子工艺示意图

7. 翻袖、烫袖口

将袖子翻正后，袖里距边2cm，虚量1cm熨烫，一周要压实，袖里距边要等宽。见图6-15。固定袖面、里的相对位置利于装袖。

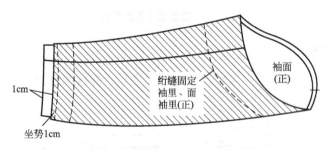

图6-15　袖口工艺示意图

二、男西服袖及袖衩的精做工艺

1. 归拔大袖片

将大袖片偏袖线外侧中段拔开，注意不要拔过偏袖线。靠近袖山的上段10cm略归，靠袖口的下段过平，顺便将外袖缝上部略作归拔。见图6-16。

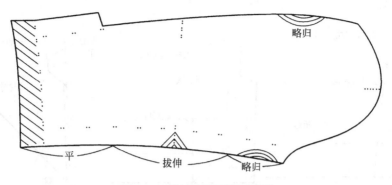

图6-16 袖片归拔工艺示意图

2. 缉合内袖缝

大小袖片内缝正面相对，袖肘点对准，上下不能错位，小袖缝带吃0.5cm，劈烫缝份，见图6-17。

3. 熨烫袖口与扣烫袖开衩

熨烫袖口折边，要等宽、顺直。扣烫袖开衩，按净板点位。见图6-18。

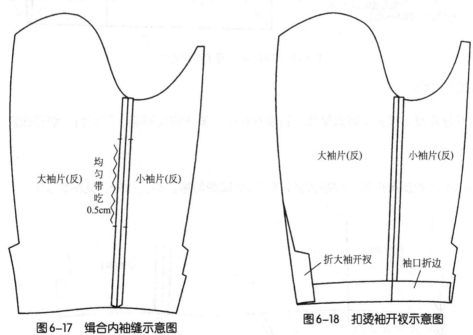

图6-17 缉合内袖缝示意图   图6-18 扣烫袖开衩示意图

4. 做大袖片开衩

大袖片开衩采用勾三角的方法，三角角度要适中，松紧适宜。见图6-19。

（1）以扣烫好的开衩端点为基准，开衩向里侧45°对折，见图6-19①②。

（2）将开衩正面相对以90°缉线，见图6-19③。

（3）修剪缝份，衩角留0.5cm缝份，端点留0.3cm，劈缝后将衩角翻正，保证角直。见图6-19④⑤。

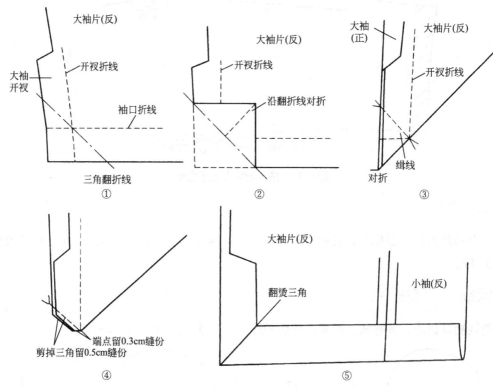

图6-19　大袖片开衩工艺示意图

5. 锁袖口装饰眼

打开袖开衩，按扣位在大袖衩上锁装饰扣眼。要求位置准确、不偏斜，线迹松紧适宜。

6. 做小袖片开衩

将小袖折边反向折起，按袖衩留边0.5cm缉线勾净，翻正烫好。见图6-20。

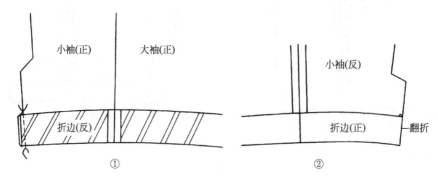

图6-20　小袖片开衩工艺示意图

7. 合袖缝

缝合外袖缝及开衩，注意开衩上下襟要等长。在袖开衩止点处开剪，劈烫袖外侧缝。

见图6-21。

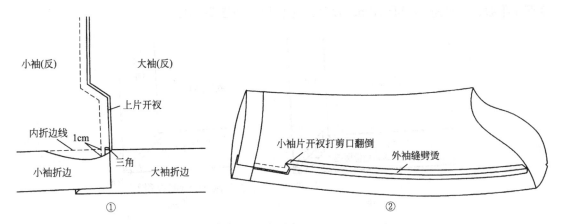

图6-21　合袖缝工艺示意图

8. 钉袖扣

位置要准确、牢固、平服，缝扣线呈横向平行。见图6-22。

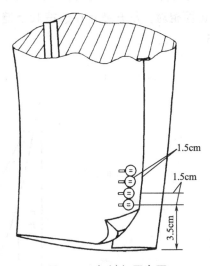

图6-22　钉袖扣示意图

其余步骤同女西服袖的制作工艺。

任务四　西服背衩制作工艺

常见的西服背衩有两种：一种是单开衩；另一种是双开衩，其制作工艺如下：

（1）上片下摆开衩勾三角。以扣烫好的下摆处开衩端点为基准，下摆与开衩面在里侧

45°折，再以90°缉线，修剪缝份0.5cm，端点留0.3cm，劈缝后将衩角翻正、烫好，保证摆角平服，是直角（也可留0.5cm缝份，烫倒），见图6-23。

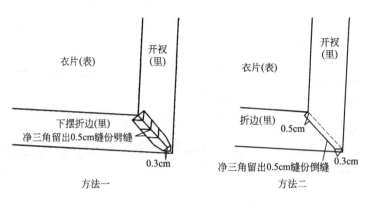

图6-23　上片下摆开衩勾三角工艺示意图

（2）从开衩止点起将表、里右片缝份正面相对合缉，到下摆缝份线止，里子留1cm虚量，见图6-24。

（3）将下片开衩与里子缝份对齐，里子折边距衣片折边2cm固定。以下摆折边线为准将折边反折，使开衩处缝份正面相对，从开衩止点起按1cm缝份合缉，翻烫，下片开衩外缘压0.1cm明线。见图6-25。

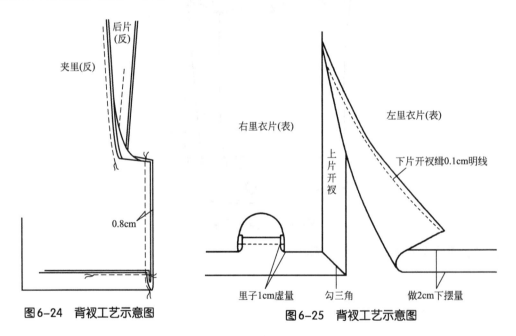

图6-24　背衩工艺示意图　　　　图6-25　背衩工艺示意图

（4）整烫开衩，使上下两片开衩长短一致，不搅不豁，直顺平服。

一套好的西服对剪裁、面料、辅料等都有着严格的要求。一套西服生产下来，大约需要4大工序、300余道小工序，工艺的不同决定着西服的品质。目前比较流行的西服工艺可以总结为四种：黏合衬工艺、半毛衬西服工艺、全毛衬西服工艺和全手工工艺，本书任务五和任务六主要介绍西服的黏合衬工艺（女西服工艺）和半毛衬工艺（男西服工艺）。

任务五 女西服的制作工艺

女西服是变化繁多的女装中的一个典型的品种，具有其独特的风格。女西服结构紧凑，布局合理，线条流畅，造型优美，适身合体，是女性较为理想的礼服和日常穿用服装。其制作工艺基本上包括了一般女外套的制作要点，因此，它是女装制作工艺的学习重点之一。

一、女西服外形概述与款式图（见图6-26）

三开身结构，前片分为前衣身和腋下片。平驳头，平下摆，单排三粒扣，左右各一开袋，装方角袋盖，圆装两片袖，袖口假袖衩，三粒装饰纽；前身收腰省；后背做中缝。

二、女西服的部件及成品规格

图6-26 女西服款式图

1. 女西服部件

（1）面料类 前衣片，后衣片，大袖片，小袖片，领面，领里，挂面，衣袋盖，衣袋嵌线条等。

（2）里料类 前、后衣片夹里，大、小袖片夹里，衣袋盖里，袋垫布，吊衬带等。

（3）衬料类 有纺黏合衬、无纺衬等

（4）其他 袋布、缝纫线、牵条、垫肩等。

2. 成品规格

单位：cm

规格	衣长	胸围	肩宽	袖长	领围
165/84A	68	96	40	54	36.5

3. 小规格（净）

单位：cm

挂面宽	叠门	大袋宽	大袋盖宽	袖口
6	2.5	14	4	13.5

三、女西服的质量要求

（1）符合成品规格,外观平服、挺括，肩部、袖山饱满圆润，面、里、衬松紧适宜。

（2）串口平直，驳头、领嘴窝服。止口顺直，左右对称，不搅不豁。

（3）领头、领角长短一致，装领左右对称，领面有窝势，面、里松紧适宜。

（4）嵌线袋平服，袋盖窝势均匀；底边宽窄一致，缉线顺直。

（5）整理后相应部位要平、挺、圆、薄、顺、窝。

四、女西服缝制中的重点和难点

1. 推、归、拔熨烫工艺

2. 做领、装领

3. 做袖、装袖

五、女西服的工艺流程

检查裁片→粘衬→复核前片样板→打线钉→收腰省→合腋下片→归拔→开袋→敷牵带→合背缝→合侧缝→合肩缝→装领里→做夹里→装领面→敷挂面→翻烫门里襟止口→做底边→做袖→装袖→整烫→锁眼、钉扣→检验。

六、女西服的缝制

1. 粘衬

西服的部位不同，使用的黏合衬也不同。西服的前胸、挂面及领面等部位常用有纺衬。袖口、袋口等部位常用无纺衬。

西服粘衬要牢固、无起泡、无皱褶，因此常用黏合机热溶定型，如果用熨斗热压会产生面、衬脱壳现象，影响西服质量。西服粘衬的部位见图6-27，箭头方向表示衬的径向。

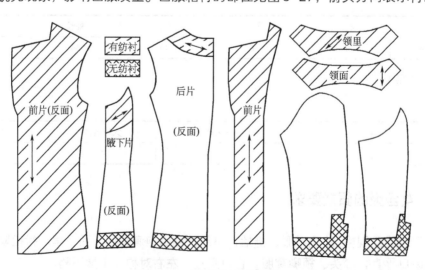

图6-27 女西服粘衬示意图

2. 做缝制标记（由于面料的不同，可选择打线钉、画粉线、剪眼刀等方法做缝制标记）

（1）复核样板　将左右前大身正面相对，反面朝外，平放在案子上。并把毛样板覆盖在衣片上，按净样板轮廓将衣片丝缕规正，将衣片多出样板的部分修剪掉。

（2）打线钉　按样板上的标记将下列位置打线钉，见图6-28。

① 前衣片：止口、眼位、驳口线、缺口、省位、腰节、袋位、侧缝、底边宽、对位标记。

② 腋下片：腰节、袋位、侧缝、底边宽。

③ 后衣片：背中缝、肩缝、侧缝、腰节、对位标记、底边宽。

④ 大袖片：前、后袖缝线；袖肘线、袖衩线、袖口线、袖山中线、对位标记。

⑤ 小袖片：前、后袖缝线；袖肘线、袖衩线、袖口线。

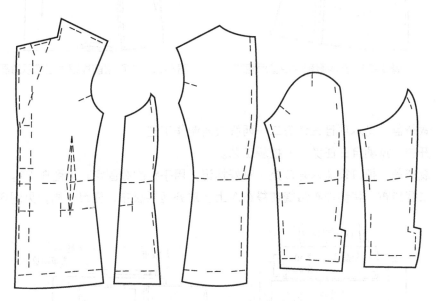

图6-28　女西服打线钉示意

3. 收腰省，合腋下片

（1）收腰省　将前腰省的左右线钉标记上下重合，从上省尖开始向下省尖方向缉线，省尖处留出线头打结。

（2）合腋下片　将前大片和腋下片按线钉标记缉合。注意缉线要顺直，无吃势。

（3）烫省缝、腋下缝　从腰节处将省冲剪开，至距省尖2～3cm处停止，劈烫腰省；未冲剪开的省尖部分插针熨烫，使省尖缝份左右对称偏倒，省尖胖势烫散，省尖平服无酒窝，并用无纺衬固定。将腋下片缉缝分缝烫平。见图6-29。

4. 推门

对前片进行归拔，即将前片的肩、驳头、下摆、侧缝、臀部的胖势归直，将侧缝吸腰、前腰省、腋下片吸腰的瘦势拔直。归拔要在反面进行，一次归拔达不到效果，可以多次归拔，见图6-30所示。

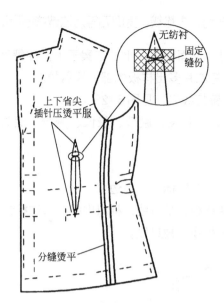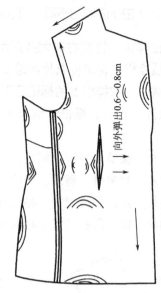

图6-29 女西服前片烫省示意图　　图6-30 女西服前片归拔工艺示意图

5. 开袋

（1）做袋盖　见本项目三任务二—西服袋盖制作工艺。

（2）开袋　见项目三任务二—挖袋工艺。

（3）装袋盖　把口袋插入开口处，对好标记，用手针绷缝固定，见图6-31。

（4）缉缝袋布　将垫袋布缉缝在袋布A上，对齐两层袋布，兜缉一周，见图6-32。

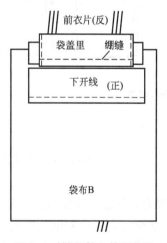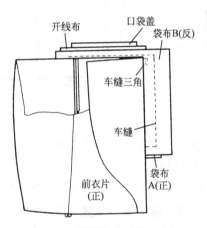

图6-31 装袋盖工艺示意图　　图6-32 缉缝袋布工艺示意图

6. 敷嵌条

在前衣片串口、驳口、驳头、止口、折边部位敷嵌条。见图6-33。

7. 做后衣片、缝合侧缝和肩缝

（1）归拔后衣片，见图6-34。

（2）合后片，劈烫缝份，并在袖窿弧势处敷牵条，略紧。见图6-35。

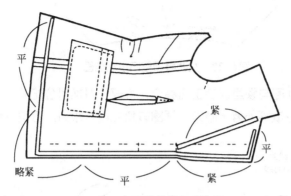

图6-33　女西服敷嵌条示意图

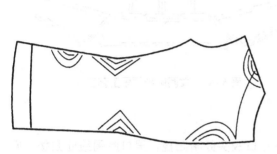

图6-34　女西服后片归拔示意图

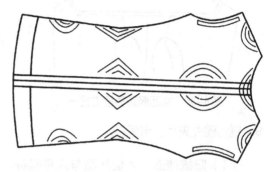

图6-35　女西服合后片示意图

（3）合侧缝　将前后衣片侧缝正面叠合，对齐线钉缉缝并劈烫缝份，见图6-36。

（4）合肩缝　将前后肩缝正面叠合，后肩缝在上，缝口对齐缉缝，注意后肩1/3处吃势0.5cm左右，见图6-37。

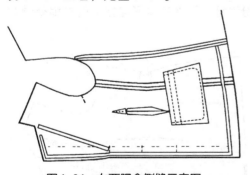

图6-36　女西服合侧缝示意图

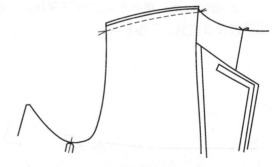

图6-37　女西服合肩缝工艺示意图

8. 做领里、装领里

（1）做领里　领里用本色料斜丝，若面料不足，领里可在领中拼接。

（2）装领里

①在领里下口做好对位记号：后领脚中点、肩缝对位标记。

②归拔领里。在后领脚下口拔开，并在拔领的同时，将领脚与外领交界处归拔。见图6-38。

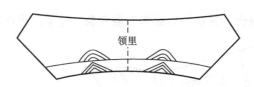

图6-38　女西服领里归拔示意图

③ 装领里。将衣片领圈与领里领底正面叠合，各部位对准对位记号，用手针绷缝固定后车缉。见图6-39。在大身缺嘴处剪一眼刀，领圈转角处剪一眼刀。劈烫缝份。见图6-40。

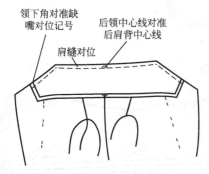

图6-39　女西服装领里工艺一

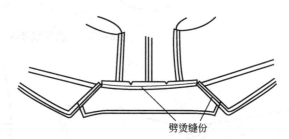

图6-40　女西服装领里工艺二

9.　缝合前片夹里，做里袋

（1）归拔挂面　为使挂面与人身相符，在止口驳头处暗归拢，里口胸围线处归拢，归至与大身驳头止口相符为止。见图6-41。

（2）做夹里

① 收省。夹里腰省的大小、位置与面料相同。缝份倒向摆缝。

② 缉合腋下缝。

③ 缝合挂面。将挂面与夹里正面相对，按缝份缉缝，注意在里子与挂面的拼缝处预留出里袋袋口位置。见图6-42。

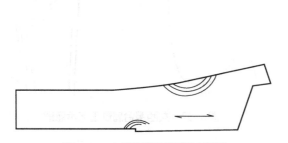

图6-41　女西服挂面归拔示意图

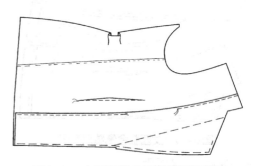

图6-42　女西服缝合挂面工艺示意图

（3）做里袋

里袋具体做法见本项目任务——内袋的制作工艺。

10.　合夹里背缝、肩缝、装领面

（1）合缉夹里背中缝　缝份向右坐倒，坐势1cm，烫平服。腰节处略拔开。见图6-43。

（2）合缉侧缝　方法与同面料。缝份烫倒向门里襟，坐势0.3cm。腰节处略拔开。为了确保熨烫后的夹里不起吊，在背中缝、腰节等处剪眼刀，见图6-44。

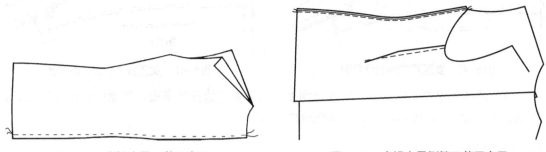

图6-43　背缝夹里工艺示意图　　　　图6-44　合缉夹里侧缝工艺示意图

（3）合缉夹里肩缝　将前、后片夹里正面相对，按照缝份大小对准缉合肩缝，注意吃势，缝份向后衣片坐倒，见图6-45。

（4）装领面

① 归拔领面。领面用横料，在缺嘴处、后领中和肩缝对位处分别剪好眼刀，然后归拔领面，方法、要求与领里归拔相同。

② 装领面。将领面与挂面的串口缝正面叠合，缺嘴处对准对位记号，用手针绷缝固定后缉缝。缉线时不可将串口拉还。然后在挂面的缺嘴处和领圈转角处剪眼刀，劈烫缝份。见图6-46。

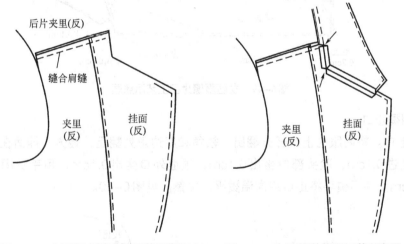

图6-45　女西服夹里肩缝工艺示意图　　　图6-46　女西服装领面工艺示意图

11. 敷挂面、领面

（1）敷挂面　将挂面、领面正面与衣片正面的止口缝相叠，领面后中缝眼刀对准领里后中缝，领缺嘴处对准，分别用大头针定牢。用手针从里襟驳口线下端起针，沿领脚线至门襟驳口线下端固定一道，见图6-47。

（2）固定止口　从后领中缝开始分别固定到门里襟两脚处为止。固定时，大身放在下面，领面在后领处平过，前领部位略松，挂面在驳头处略松，串口段平过，下脚略紧，以确保领头、驳头和门里襟的里外匀。见图6-48。

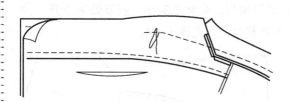 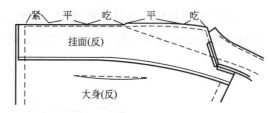

图6-47 女西服敷挂面示意图 　　图6-48 女西服止口工艺示意图

（3）兜缉门里襟与领止口　将大身翻上，从里襟底边开始车缝，兜缉门里襟与领止口。缉线顺直，驳角、缺嘴不走样，门里襟对称一致。

12. 止口工艺

（1）修剪止口　止口兜缉之后，抽去止口固定线，劈烫缝份。然后将领面留出0.7cm缝份；驳头处挂面留出0.6～0.7cm，大身留出0.3～0.4cm缝份，止口处相反进行清剪。驳角处剪去毛缝一角，使止口翻出后平、薄。

（2）缲止口　在门、里襟段，挂面止口按缉线坐进0.2cm，在驳头和领外口按缉线坐出0.1cm，分别用扎线缲牢。这样，止口翻出后才能达到里外匀的效果。见图6-49。

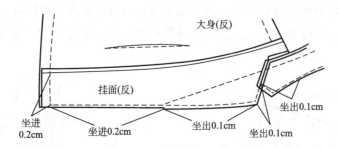

图6-49 女西服缲止口工艺示意图

（3）翻烫止口。

① 翻止口。将西服的止口部分翻出，领角和底边角处翻足、翻方。挂面在底边和门里襟止口处坐进0.1cm，驳头部位坐出0.1cm，领面外口坐出0.1cm，用手针固定，固定线离止口0.5cm。并用熨斗将止口用高温烫平、烫煞。见图6-50。

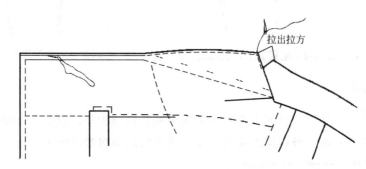

图6-50 女西服翻烫止口工艺示意图

② 固定领子缝份。将领下口缝份对齐固定，见图6-51。

③ 扳止口。见图6-52。

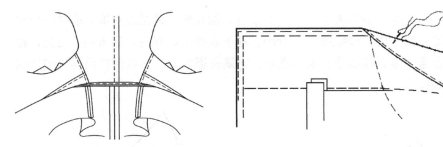

图6-51 女西服固定领子缝份示意图   图6-52 女西服扳止口工艺示意图

13. 定底边

先把衣片按底边线下折转，用手针固定；再把夹里底边按短于衣片1.5cm折转，用手针固定，熨烫平整。接着从袖窿处掏缉底边，并用三角针绷缝。见图6-53。

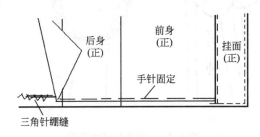

图6-53 女西服固定底边工艺示意图

14. 做袖，装袖

（1）做袖 见本项目任务三—女西服袖及袖衩简做工艺。

（2）装袖

① 抽袖山。从大袖内袖缝开始用手针密缝，直到小袖山的2/3处，缝份为0.3cm。注意用针要均匀，然后根据袖山吃量抽袖，使吃量分布均衡。见图6-54。

② 烫袖山。把抽好的袖山在烫凳上熨烫，使袖山吃量均匀，用手撑起袖子，观察袖子前后是否平衡，造型是否美观，袖山是否圆顺饱满。见图6-55。

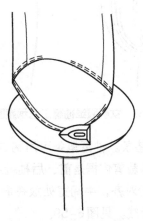

图6-54 抽袖山示意图   图6-55 烫袖山示意图

③ 绷缝装袖。一般习惯先装左袖。将袖子和衣身正面相套，装袖点对准，装袖缝份对齐，用手针绷缝固定袖窿一周，绷线缝份为1cm。袖子绷缝固定好后，翻出袖子正面，检查装袖的前后位置是否得当，袖山是否饱满圆顺，吃聚是否均匀。左右两袖用同样的方法绷缝固定。见图6-56。

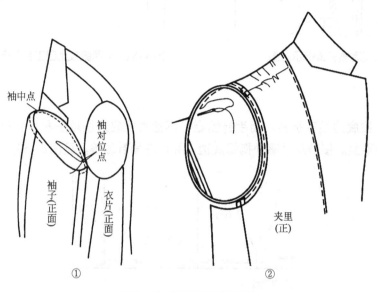

图6-56　绷缝装袖示意图

④ 缉袖窿。从装袖点开始缉袖窿，缝份0.8cm。缉线时袖片在上，推聚袖片，平缉衣片，缉线要顺直，缝份要均匀。见图6-57。

⑤ 烫袖窿。拆除绷缝固定棉线，将袖窿放在烫凳上，从反面喷水轧烫缉缝，缝份向外倒向袖子。注意熨烫不要超过装袖缉缝，以免破坏袖山造型。见图6-58。

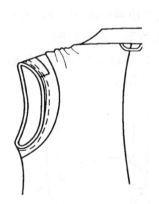

图6-57　女西服缉袖窿工艺示意图

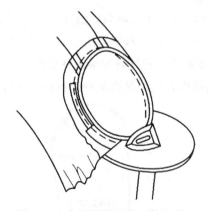

图6-58　女西服烫袖窿工艺示意图

⑥ 装袖窿垫条。袖窿垫条可用胸绒布裁剪成总长28cm，中间宽5cm，两头宽3cm的斜丝条，总长的裁剪依据是前、后袖缝经过袖中点的弧线长度。将袖窿垫条放在袖片一侧，边缘与装袖缝份对齐，中间宽处放在肩缝处，袖片在上，垫条在下，从后袖缝处起针，与装袖线迹重合缉线。见图6-59。

⑦ 装垫肩。垫肩的袖山中点对准肩缝，外缘与装袖缝份对齐，保持垫肩的自然弯曲造型，将装袖缝份扳靠向垫肩，用双线沿装袖缝份与垫肩绷缝住，注意绷线要紧靠装袖缝份，松紧适宜，绷线过紧会影响袖窿外观。见图6-60。

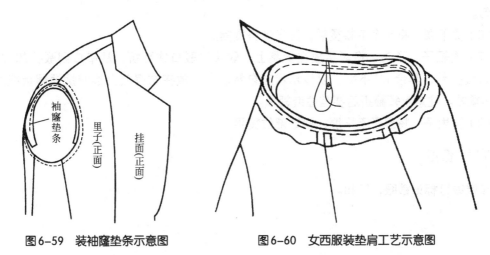

图6-59 装袖窿垫条示意图　　　　图6-60 女西服装垫肩工艺示意图

⑧ 绷缝袖窿。将里子与面的装袖缝份对齐，用手针将其绷缝到一起，绷线松紧适宜。绷线不要超过装袖缝份，见图6-61①。

⑨ 缲袖窿。将已经扣烫好的袖里子的袖山缝份先用大针码绷缝到衣身的装袖缝份上，让扣烫边缘超出装袖缝份0.1～0.2cm以盖住装袖缝份为宜，袖里子要按袖面的对应位置绷缝，如外袖缝相对、内袖缝相对、袖中点相对，再用暗针缲牢。注意缲线要细密、均匀、牢固，见图6-61②。

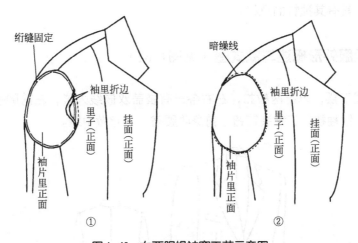

图6-61 女西服缲袖窿工艺示意图

15. 整烫

（1）清理　将整个成衣的线钉、线毛清理干净，污渍清除。

（2）烫袖　将袖子不平服处放在烫凳或烫台上喷水烫平，开衩处盖布喷水烫煞。

（3）烫肩部　肩部要放在布馒头上喷水熨烫，但不要破坏肩部的饱满、圆润。

（4）烫前胸、后背　在烫凳上完成熨烫。把成衣的前胸、后背放在烫凳上盖布喷水熨烫。胸部少量喷水熨烫，以防破坏胸衬造型。后背熨烫平服即可。

（5）烫止口　将前片放在案子上，丝缕摆直，先烫平服，再将前门止口烫煞。注意里外均匀。

（6）烫下摆　将整个下摆烫煞，里子坐势烫煞。

（7）烫领子、驳头　将驳头放在烫凳上，驳头沿驳口线翻折，从串口到驳头的2/3处将驳口线烫煞，其余1/3不烫，以显示状态自然。衣领放在布馒头上边归拢领翻折线边预烫，再烫煞。注意衣领翻折后要盖住装领线。

（8）烫里子　将里子不平服、褶皱部位烫平。

16. 锁眼、钉扣

按照线钉标记锁眼，钉扣。

任务六　男西服的制作工艺

西服是由礼服发展而来的，经过200多年的演变与完善，形成了自身特有的着装风格。现代西服套装已成为日常服、外出服和公务制服的基本形式。本款男西服是众多西服中的一个典型品种，具有其独特的风格。

一、男西服外形概述与款式图（见图6-62）

平驳头，圆下摆，单排两粒扣，左右各一有袋盖双嵌线大袋，左前胸手巾袋一只，圆装两片袖，袖口假袖衩，三粒装饰钮；前身收腰省；后背做中缝。

图6-62　男西服款式图

服装成衣工艺

二、男西服的部件及成品规格

1. 男西服部件

（1）面料类　前衣片，后衣片，大袖片，小袖片，领面，领里，挂面，衣袋盖，衣袋嵌线条等。

（2）里料类　前、后衣片夹里，大、小袖片夹里，衣袋盖里，衣袋袋垫布等。

（3）衬料类　有纺黏合衬、无纺衬、领底绒等。

（4）其他　袋布、缝纫线、牵条、垫肩、纽扣等辅料。

2. 成品规格

单位：cm

规格	衣长	胸围	肩宽	袖长	领围
170/88A	74	108	46	58.5	40

3. 小规格（净）

单位：cm

挂面宽	叠门	大袋宽	大袋盖宽	袖口
6	1.7	15.5	5.5	14.5

三、男西服的质量要求

1. 外观

符合成品规格,外观平服、挺括，肩部、袖山饱满圆润，面、里、衬松紧适宜。

2. 领子

领面平服，领窝圆顺，领尖不翘，左右对称。

3. 驳头

串口、驳口顺直，左右驳头宽窄、领嘴大小对称。

4. 止口

顺直平挺，门襟不短于里襟，不搅不豁，两圆角大小一致。

5. 前身

胸部挺阔、对称，面、里、衬服帖适度，省道顺直。

6. 袋、袋盖

左右袋高、低一致，前、后对称，袋盖与袋宽相适应，袋盖与大身的纱向一致。

7. 后背

背缝平直，背部平服。

8. 肩

肩部平服，表面没有褶，肩缝顺直，左右对称。

9. 袖

绱袖圆顺，吃势均匀，两袖前后、长短一致。

四、男西服缝制中的重点和难点

1. 推、归、拔工艺

2. 做领、装领

3. 做袖、装袖

五、男西服的工艺流程

粘衬→复核前片样板→打线线钉→收省→合腋下片（马面）→推门→做手巾袋→做大袋→做胸衬→烫衬→覆衬→修止口→敷牵带→烫前身→做里子→覆挂面→勾止口→翻止口→合后背缝→归拔后背→做背衩→合缉摆缝→拼肩缝→做袖、绱袖→装肩垫→缲夹里→做领、绱领→整烫、锁眼、钉扣→检验。

六、男西服的缝制

1. 粘衬

西服的部位不同，使用的衬也不同。西服的前胸、挂面及领面部位常用有纺衬，袖口、袋口等部位常用无纺衬。西服粘衬要牢固、无起泡、无皱褶，常用黏合机热溶定型，如果用熨斗热压会产生面、衬脱壳现象，影响西服质量。粘衬部位见图6-63，箭头方向表示衬的径向。

2. 做缝制标记

（1）复核样板　将左右前大身正面相对，反面朝外，平放在案子上。并把毛样板覆盖在衣片上，按净样板轮廓将衣片丝绺规正，将衣片多出样板的部分修剪掉。

（2）打线钉　按样板上的标记将下列位置打线钉，见图6-64。

① 前衣片：止口、眼位、驳口线、缺口、省位、腰节、袋位、侧缝、底边贴边宽、对位记。

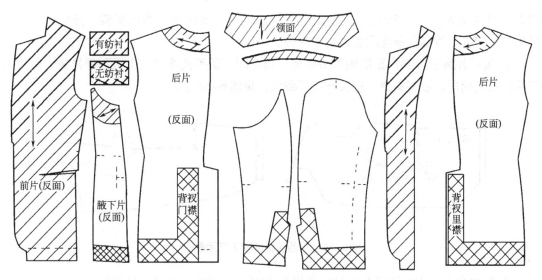

图6-63　男西服粘衬示意图

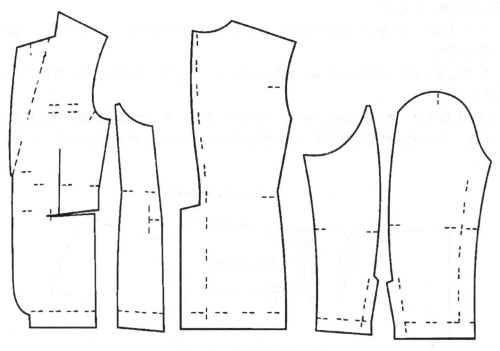

图6-64　男西服打线钉示意

② 腋下片：腰节、袋位、侧缝、底边贴边宽。

③ 后衣片：背中缝、肩缝、侧缝、腰节、对位标记、底边贴边、背衩线等。

④ 大袖片：前、后袖缝线；袖肘线、袖衩线、袖口线、袖山中线、对位标记。

⑤ 小袖片：前、后袖缝线；袖肘线、袖衩线、袖口线。

3. 收腰省，合腋下片

（1）收腰省

① 剪省道。在大袋口位置将肚省剪开，剪到出胸省1.0cm止，然后按省中心线将胸省

剪开，剪至距省尖4～5cm止，见图6-65①。注意，如果是条格的面料，开剪时应顺着条格单片剪开，以确保条格顺直，左右对称。

②缉前片胸省。衣片正面相对缉省道，缉合时下层不能吃量，上层不能推量，保持上下层松紧度相同，没有斜绺。省尖一定要缉尖，见图6-65②。

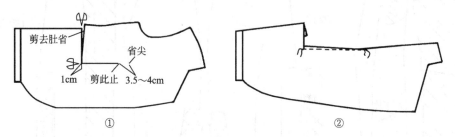

剪去肚省　省尖　1cm　剪此止　3.5～4cm

①　②

图6-65　男西服胸腰省工艺示意图

③胸省合到省尖后不打倒回针，甩出5cm长线头系结，袋口一端回针打牢。收胸省时要求位置准确，左右对称。

④分烫胸省。把胸省放到布馒头上，在距省4cm再向下0.1cm处打剪口劈烫，省尖用锥子插入熨烫。

⑤修肚省。将肚省毛边修剪掉，上下片并拢成一条直线，不要有空隙，然后用2cm宽的无纺衬黏合封住。

（2）合腋下片　衣片正面相对缉缝，先用手针固定，缉合时要注意腰节线与底边线的线钉对准，大身衣片在袖窿深线下10cm处吃进0.3～0.5cm。缉线松紧适宜，缉线顺直，见图6-66。

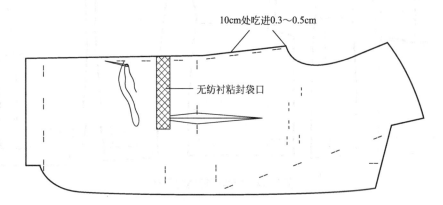

10cm处吃进0.3～0.5cm

无纺衬粘封袋口

图6-66　缉缝腋下片工艺示意图

4. 归拔衣片、袖片

（1）归拔前衣片

①分烫省缝。把固定线拆掉，胸省尖线头打结。在腰节处剪开0.3cm刀口，便于分烫省缝。省尖处要用手工针插入分烫，以防省头偏倒一边，影响外观。分烫时在腰节处丝绺向止口边弹出0.6或0.8cm，把省尖烫圆，并以腰节线为准向两头暗拉伸。分烫腋省时，两

边丝缕放直，斜丝处不宜拉还。见图6-67。

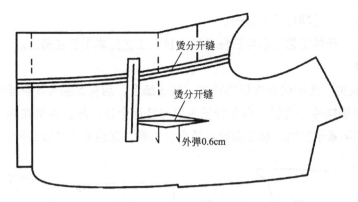

图6-67　分烫省缝示意图

　　②归拔前片。先归拔门襟，止口靠身边（里襟则相反），将止口直丝推弹0.6～0.8cm。熨斗从腰节处向止口方向顺势拔出，然后顺门襟止口向底边方向伸长。要求止口腰节处丝缕推弹烫平、烫挺。熨斗反手向上，在胸围线处归烫驳口线，丝缕向胸省尖处推归、推顺。再归烫中腰及袖窿处、底边、大袋口及摆缝。最后归拔肩头部位，拔烫前横开领、向外肩方向抹大0.5～0.8cm、同时将横领口斜丝略归；将肩头横丝向下推弹，使肩缝呈现凹势，将胖势推向胸部。见图6-68。

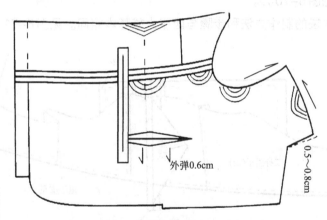

图6-68　归拔前片示意图

　　（2）归拔挂面　归拔挂面。先将挂面丝缕修直，左右两片条格对称。再把挂面驳头外口直丝拔长、拔弯，使外口造型符合西服前身的驳头造型。然后把挂面里口胸部处归拢，挂面腰节处略微拔开一点，使衣服成型后，挂面腰节处不会吊紧。见图6-69。

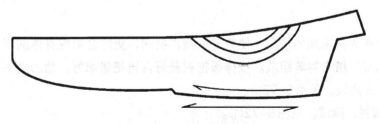

图6-69　归拔挂面示意图

5. 开袋

（1）开手巾袋　见项目五任务一。

（2）开大袋　开袋工艺见项目三任务二，袋盖工艺见本项目任务二。

（3）开里袋

① 拼前身夹里。先把前身夹里的胁省、胸省缝合，后将耳朵片同夹里拼接。拼接时夹里要松。接着拼接挂面与夹里。用手针把夹里与挂面合在一起。夹里在腰节位处要略有吃势。注意夹里不可紧于挂面。然后用烫斗烫平，车缉，耳朵片上粘袋口衬。见图6-70①。

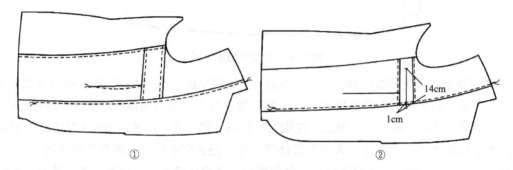

①　　　　　　　　　　　②

图6-70　拼前身夹里、定袋位示意图

② 定袋位。见图6-70②。

③ 开里袋。里袋的制作方法和步骤与西服大袋基本相同。见图6-71。

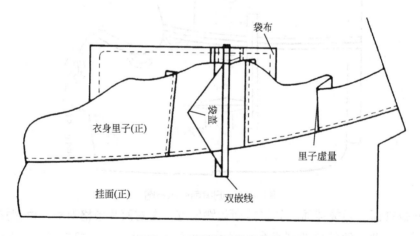

图6-71　开里袋工艺示意图

6. 做胸衬

胸衬贴合在大身前胸的位置，使胸部饱满、挺阔，更贴合男性身体胸部曲线。通常胸衬由毛衬、胸棉、绒布衬等组成。按样板把衬裁好，再把省缉好。然后把毛衬、胸棉用手针固定牢，车三角线。见图6-72。

① 裁毛胸衬、胸绒。见图6-72①。

② 做毛衬。见图6-72②。

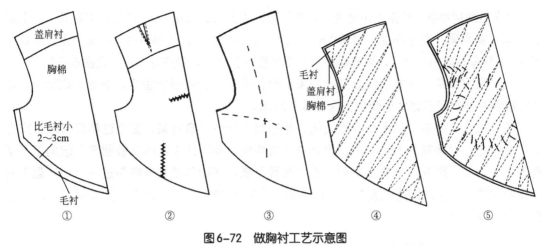

图6-72　做胸衬工艺示意图

③ 手针固定胸衬、胸绒。见图6-72③。

④ 做胸衬、胸绒。见图6-72④。

⑤ 归拔胸衬。烫衬用较高的温度磨烫胸衬，归拔外肩、袖窿、驳口线，将胸部烫圆。见图6-72⑤。

7. 敷胸衬

第一步：将衣身反面与胸衬正面贴合，放准位置，摆正纱向，从内外缝中间距肩缝10cm处起针，到胸省上部绷第一道线，袋爿处给量 0.1 ~ 0.2cm，绷缝时衣料不能起皱和歪斜。见图6-73。

第二步：第二道线先展平肩部，绷止口翻折线，展平驳头，沿翻折线0.5 ~ 1cm绷缝至第一道线止点。给吃量的大小要根据面料的薄厚、弹性来定。

第三步：第三道线从起点开始，沿袖窿绷缝至第一道线止点。

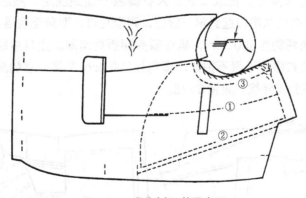

图6-73　敷胸衬工艺示意图

8. 敷牵条

敷牵条的目的是起固定的作用，通常使用直料粘在驳口线上。

（1）敷胸衬牵条　使用2cm宽直条，在距驳口线上部0.5cm，距下部1cm处粘烫，在上部5～6cm处平敷，在中间部分聚量0.5～1cm（成衣号型小、面料薄时吃0.5cm量，成衣号型大、面料厚时吃1cm量），以确保足够的量留在驳头上部，形成立体感，见图6-74。

（2）固定牵条　用本色线分别在牵条的两侧用三角针或拱针固定，针距为0.5cm，目的是确保在整烫和拆绷线后牵条仍保证其不脱落。

（3）敷止口牵条　沿串口净线内侧，距净线0.2cm平敷衬条，直到过串口与驳口交点4～5cm止，衬条宽为1cm。沿大身止口净线内侧，距净线0.2cm从领翻驳点起向下至圆角下摆处止点，用1cm宽直条粘敷，在大身段平敷，在圆角处将身略带进一点，达到下圆下扣的效果。注意，圆摆处直条打剪口平走（也有粘15°～20°斜条，熨烫时略抻一下斜条）。见图6-74。

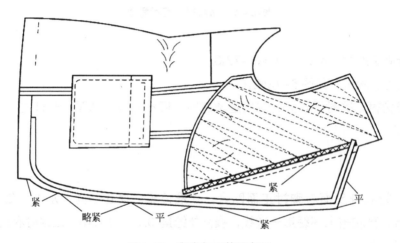

图6-74　敷牵条工艺示意图

9. 覆挂面

（1）将贴边外口丝缕修直，与衣身正面相对，眼位对齐，止口摆正，驳头外口贴边比大身多出0.3cm留作窝势。在驳口线上大针脚绷一道线固定，然后从驳头外侧向里推0.3cm容量，在止口线内从串口起到第一眼位，再沿止口、圆角至底摆，大针码2cm绷缝。

（2）在挂面驳角两侧坐进0.3cm，确保驳头翻折后窝服。止口中段（第一眼位到圆角上部位置）平走，使扣眼位平服不抽紧。圆角处容0.3cm的量，目的是使止口翻出后贴边略向里带紧，圆角下扣不外翘。见图6-75。

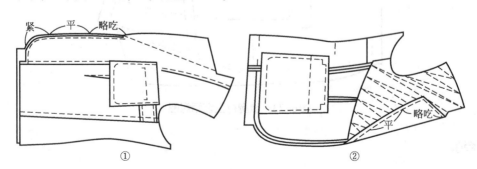

① ②

图6-75　敷挂面工艺示意图

10. 勾止口

（1）大身在上，贴边在下，从领嘴点起针沿止口、圆角到挂面里侧止点合缉。见图6-76。

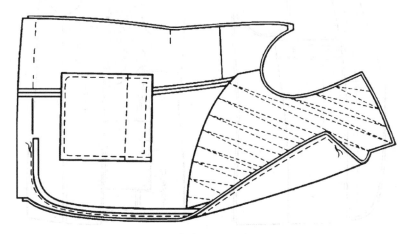

图6-76 缉缝止口工艺示意图

（2）拆掉绷缝线 在领嘴处打剪口，将大身侧缝份向里倒烫分开缝，顺势将下摆扣净。

（3）修剪止口缝份 驳头处衣身留0.3cm缝份，挂面留0.6cm缝份，下圆角净为0.3cm。驳头以下修剪挂面，留0.4 ~ 0.5cm缝份，衣身留0.7cm。见图6-77。

（4）翻烫止口 将止口翻出，第一眼位以上驳头吐出0.1cm，第一眼位以下挂面衣片吐出0.1cm，用手针绷缝固定，烫出驳领窝势。将止口烫得薄、顺、挺。见图6-78。

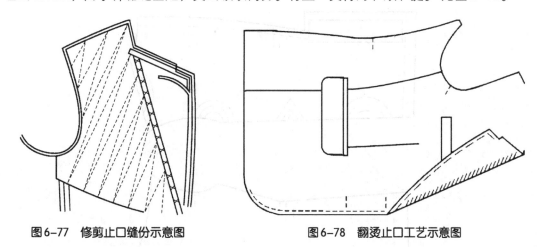

图6-77 修剪止口缝份示意图　　　　图6-78 翻烫止口工艺示意图

11. 扣烫底边，固定缝份

将衣片底边按线钉扣烫，整理并修剪前片衣面与夹里缝份，固定挂面缝份。见图6-79。

12. 归拔后衣片，合背缝

（1）归拔后衣片 后背两格重叠在一起，衣摆缝朝自己，摆平、放正。熨斗从肩部开

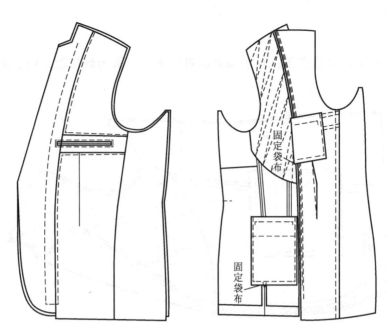

图6-79 固定挂面缝份示意图

始，肩胛处拔开，袖窿处及袖窿下10cm处归烫，后腰节线1/2处归平，腰节以下至底边摆缝线归直、归平。见图6-80①。 接着调转后背方向，后中缝靠自己一边。在腰节处向外拔伸的同时，将后腰节1/2处归平。在后背上段胖势处归烫，把丝绺向肩胛方向推，后背下段平烫，把后背缝归直、烫平。见图6-80②。

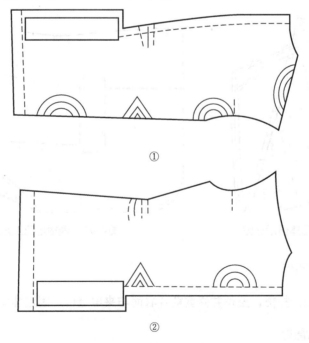

①

②

图6-80 归拔后片示意图

（2）粘袖窿牵条 为防止后背袖窿拉还，在袖窿处拉牵带条。牵带离肩点处4cm至摆缝下1cm左右。见图6-81。

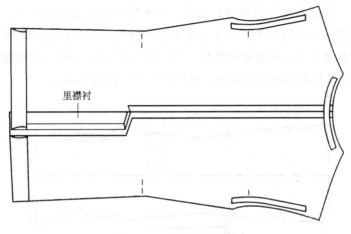

图6-81 合背缝示意图

（3）合衣片背缝　衣片正面相对缉缝，按粉印或线钉，先用手针固定，然后缉缝至开衩处，劈烫缝份。缉线时应注意左、右条格丝绺的顺直与对称。

（4）扣开衩　折扣开衩要顺直、等宽，上下襟要等长。

（5）扣下摆　下摆要扣得等宽、顺直。

（6）合衣里后背缝　里子后背正面相对1cm做缝，后背做虚量以满足背部活动需要，领口处留虚量2.5cm，渐小顺直至腰节处虚量为零，按净缝合缉，然后按净线倒缝，缝份倒向左衣身。见图6-82。

（7）后衣身里子下摆折烫，折边在衣片净线上2cm位置，里子留1cm虚量，做夹里开衩。

（8）做背衩　具体做法见本项目任务四。

（9）修剪后背夹里，见图6-83。

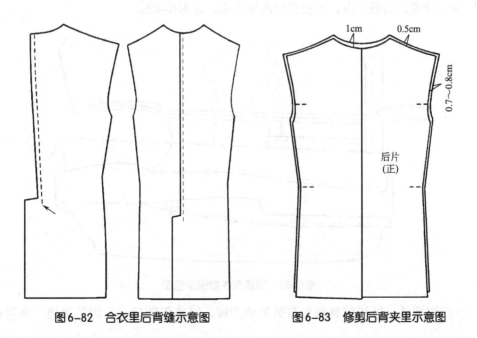

图6-82 合衣里后背缝示意图　　　　图6-83 修剪后背夹里示意图

13. 合缉摆缝，兜缉底边

（1）定摆缝　前后身在合缉摆缝时必须先用手针将前后身摆缝固定。定摆缝时前身在下，后身在上，以腰节线钉为准，分上、下两次定摆缝。腰节至底边无吃势，腰节处、后背要略微拉紧，袖窿下10cm后背要略松。固定线一般2cm一针，接线缝头为0.7cm。左右两摆缝定好之后要用熨斗把摆缝烫平，然后再车缉。见图6-84。

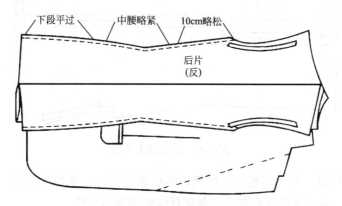

图6-84　缉衣片摆缝示意图

（2）缉摆缝　缉摆绪分为缉面料和缉夹里。缉面料摆缝时，缝头缉0.8cm。缉线时手势要向前推送，以免摆缝被拉还口。缉夹里时缝头同样为0.8cm。上下两格要求松紧一致，缉线顺直。见图6-84。

（3）分烫摆缝

① 劈烫摆缝。注意在腰节处劈烫时略微拔开摆缝，但不能把前后身摆缝归的丝道烫还。

② 将夹里缝头沿缉线朝后身扣倒烫顺，在吸腰处将夹里烫还。

③ 将后背底边绷缝一道，以便兜缉底边夹里。见图6-85。

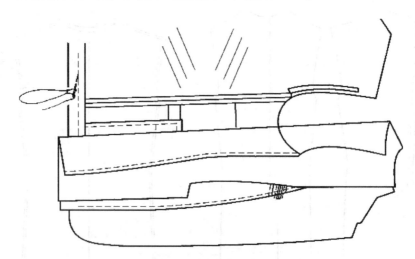

图6-85　劈烫夹里摆缝示意图

（4）兜缉底边　按照前身底边与夹里的刀眼，将夹里翻转。先缉里襟格，夹里在上，贴边在下。兜缉时在离开挂面边1cm处起针，夹里要略紧。夹里摆缝与面要上下对齐，缉到里襟格背衩位。接着兜缉门襟格，从背衩门襟贴边2cm起至离挂面1cm止。然后用丝线将底边同大身用三角针绷好。

（5）滴摆缝　将底边夹里坐势定好，离底边10cm开始滴摆缝，通常滴线为3cm1针。滴线放松，使面料平挺，有一定伸缩性。见图6-86。

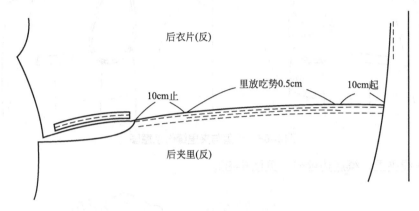

图6-86　滴摆缝示意图

（6）缉缝后中夹里　把西服铺在桌板上，将西服丝绺与夹里丝绺放平、放正。然后画后背夹里中缝开衩刀眼，一般按后背衩位抬高3cm，车缉0.8cm缝头。将背中缝坐势朝里襟格烫平，在背衩至领圈下5cm绷缝一道。要求后背夹里松于面料。

（7）手针固定后背衩夹里。见图6-87。

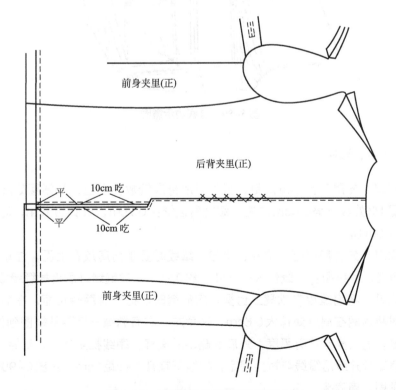

图6-87　绷缝固定后背衩夹里示意图

（8）袖窿倒钩针 先将大身翻转，正面朝上，丝绺放平，夹里略松，沿袖窿和后背肩胛处用倒钩针固定，针距3cm/针。然后把肩缝、领圈、袖窿多余的夹里修齐。见图6-88。

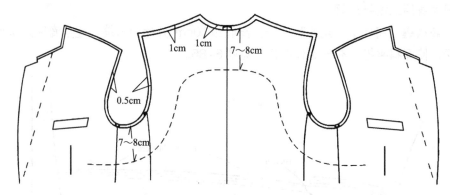

图6-88 修剪与夹里缝份示意图

（9）兜缉夹里，缲底边缝份，见图6-89。

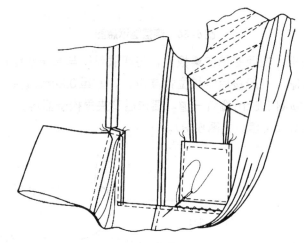

图6-89 缲底边示意图

14. 拼肩缝，做袖，绱袖

（1）合肩缝 先用手针绷缝肩缝，操作时后身肩缝放在上面，从领圈处起针向外肩点绷缝，距领圈1/3处放吃势0.6cm左右，绷缝离进缝头0.7cm，针脚为1cm，后肩缝要松于前肩。见图6-90①。

（2）缉肩缝 先将肩缝吃势烫平、烫匀。缉线时要求前肩放在上面，注意不可将肩缝横丝、斜丝缉还，缉线顺直，缝份大小一致，约0.9cm。肩缝缉好后拆掉绷缝线。

（3）定肩缝 将肩缝放在铁凳上劈烫，定肩缝时，把大身翻转正面，在肩缝拼缝绷缝一道。绷缝时将领圈在肩点处抹大0.6cm，注意左、右肩绷缝一定要从领圈到外肩点，直、横丝绺要挣挺，肩头横丝略有弧度，外肩点略胡后偏移，绷线松紧适宜，针距1cm。然后，翻过来，将肩缝分开缝沿缉线与衬头固定，拉线不宜紧，针距1cm。见图6-90②。

（4）滴领圈、滴肩头

① 滴领圈。把肩缝放在铁凳上，外肩点拎起，使肩部产生凹势，在领圈前直领口处把横丝捋出，然后用倒钩针法把面衬固定。见图6-90③。

② 滴肩头。滴领圈后，把肩缝调转方向，将领圈朝自己身体，并把领圈拎起，用手掌将肩头托起，使肩部产生凹势。然后在前肩袖窿处，边扎倒钩针边捋挺丝绺，使前肩袖窿边与衬固定。见图6-90④。

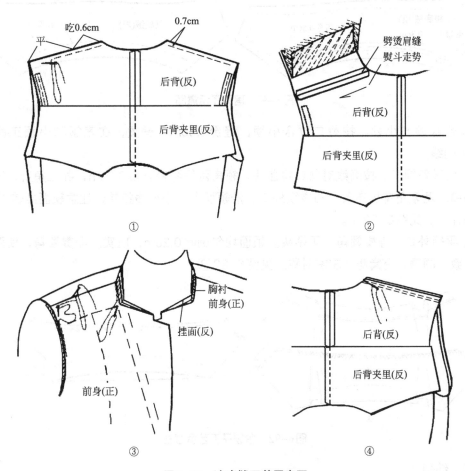

图6-90　滴肩缝工艺示意图

15. 做袖、装袖

（1）做袖　见本项目任务三。

（2）装袖　见本项目任务五。

16. 做领、绱领

（1）做领

① 画翻领。翻领丝绺要直，左右角对称，按样板画翻领，粉印要清晰，不可过粗。净翻领、领座缝份。用领角净板画出领角净线，再放0.8cm。

② 画底领。检查领底绒或领底衬是否与净样板符合，按净样板点位，打剪口（底领可比表领四周小0.2cm）。

③ 拉领底绒带条。在领底绒反面画领翻折线,在翻领线上贴0.5cm宽的棉牵条(使领子不变形),在0.5cm条上缉线,缉线时在两侧领端1/2处吃量0.2~0.3cm,目的是形成扣势,防止拉伸,领折线易翻折。也可不带牵条,直接在翻领折线上缉线,缉线带量与牵条相同。见图6-91。

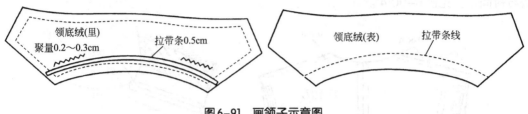

图6-91 画领子示意图

④ 合翻领与小领。按剪口位合小领,缝份0.5cm,劈烫,在表领和小领正面压缉0.15cm明线。

⑤ 曲线勾领子。按画线对剪口缉曲线,领角两侧各带吃量0.2cm,扎三角针,压在领底绒边缘。两领角垫里布条。扣烫领外口。沿领面上口净缝线扣转,注意领面坐转0.4cm,烫好领外口。见图6-92①。

⑥ 平领外口、净熨领角、画领头。领面均匀倒吐0.2cm,压实。净熨领角,使两领角大小一致,圆顺,有窝势,左右对称。见图6-92②。

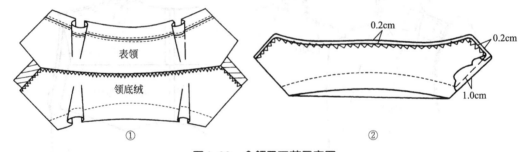

图6-92 合领子工艺示意图

(2)绱领

① 扎领圈。将贴边与大身的串口、领圈以及后领圈的表、里用倒钩针固定成一体,并确保里外匀窝势,修准缝份,划出净线。

② 绱领面。将领面与贴边正面相合,串口、领嘴对准,从里襟起针绱领。注意缉串口时贴边略为拉紧,串口要直。

③ 熨烫串口。将串口缝份劈烫。见图6-93。

④ 粘底领。把肩缝、后领中与底领处各剪口对齐,领面卷起,领角、驳角要对称、窝服。摆平后用双面胶带将串口缝份与领底呢粘烫服帖。见图6-94。

⑤ 用本色线按领底绒曲线三角针缲牢,三角针刚好压在领底绒边上,起止针要重合好,针迹要整齐、细密。见图6-95。

⑥ 钉领挂带。居小领中透钉挂带,挂带毛长7cm,做完后长6cm,宽0.6cm。把挂带两端各折进0.5cm,在表面缉0.1cm×0.6cm明线固定,缉线不能超过挂带,不过针。

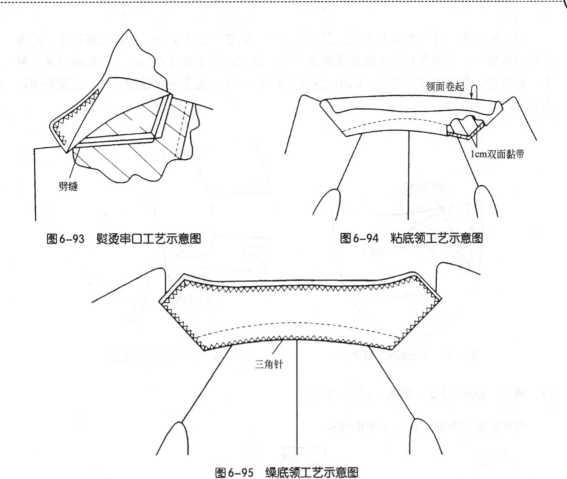

图6-93 熨烫串口工艺示意图

图6-94 粘底领工艺示意图

图6-95 缲底领工艺示意图

（3）烫领子　表领在下，底领在上，将领子、驳头外口放平，将领驳头外沿止口烫平、烫薄。然后翻过来，按驳口线和翻领线将驳头、领子烫顺、烫实、烫窝服。最后星缝固定。见图6-96。

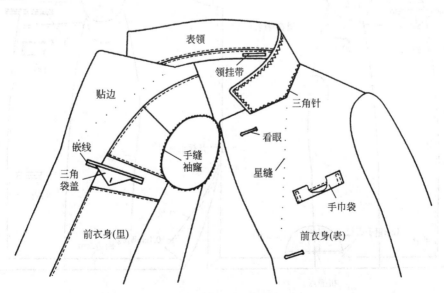

图6-96 领子熨烫工艺示意图

（4）做汗布　汗布用里料做成，是夹在腋下（袖窿与侧片之间）的椭圆形部件。将两片裁好的里布，面对面0.5cm缝份兜缉圆弧线，翻烫，里侧吐进0.1cm。在绱袖时夹在腋下一起缝合。在汗布里侧距边1.0cm处拉线袢0.8～1cm固定在里缝缝份上。见图6-97、图6-98。

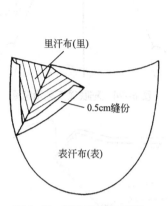

里汗布(里)

0.5cm缝份

表汗布(表)

图6-97　汗布的制作工艺一

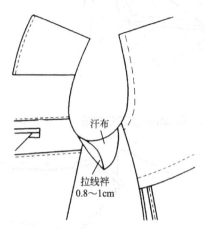

汗布

拉线袢
0.8～1cm

图6-98　汗布的制作工艺二

17. 清理、整烫、手工、锁眼、钉扣、检验

同女西服的整烫工艺。见图6-99。

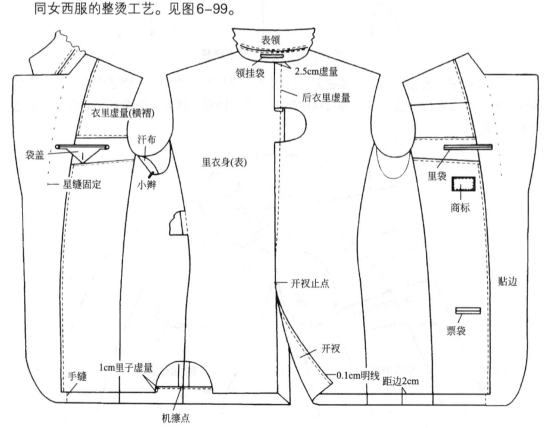

表领

领挂袋

2.5cm虚量

后衣里虚量

衣里虚量(横褶)

汗布

袋盖

里衣身(表)

星缝固定

小辫

里袋

商标

开衩止点

开衩

贴边

0.1cm明线

距边2cm

票袋

手缝

1cm里子虚量

机擦点

图6-99　整理工艺

思考与练习

第一模块　理论知识

1. 简述男西服的工艺流程和缝制要点。
2. 简述女西服的工艺流程和缝制要点。
3. 男西服质量要求是什么？
4. 女西服质量要求是什么？
5. 怎样做女西服内袋？
6. 怎样整烫男西服？
7. 怎样敷门襟止口的牵条？
8. 男西服口袋的功能性与装饰性是什么？
9. 观察不同的男西服，找出其独到的工艺特点，试分析其工艺的合理性，看是否有更好的工艺设计方法？

第二模块　技能测试

男西服样衣缝制，完成男西服的精做工艺并熨烫。

项目七
中式服装缝制工艺

ZHONGSHI FUZHUANG FENGZHI GONGYI

实训目的

　　了解和掌握男中式罩衫与女士旗袍的缝制工艺流程和检验；掌握男中式罩衫与旗袍的工艺标准；掌握服装缝纫工艺技术必要的基本理论、基本知识和基本技能

重难点分析

　　重点：男中式罩衫与旗袍的结构制图、缝制工艺

　　难点：装领、绱袖、滚边、盘扣工艺

案例导入

　　下面是仿照××××服饰有限责任公司生产任务书设计的男中式罩衫生产任务书，要求学生参照生产任务书上的有关信息，制定出样衣设计任务书，并按照任务书中M号样衣的规格完成样衣试制任务。

（一）生产指示书

××××服饰有限责任公司

内/外销合约 　内销				编号　2008-N-82			
品名	男中式罩衫				交货期		2008年8月2日
品号					生产量		680（件）
订货责任人	范守义				款式图及面料小样		

面料颜色	里料颜色	规格				数量（件）	款式图及面料小样
		S	M	L	XL		
黑灰	黑灰	50	50	30	40	170	
灰	灰	50	50	30	40	170	
紫灰色	紫灰色	50	50	30	40	170	
深蓝	深蓝	50	50	30	40	170	

生产厂家	××××服饰有限责任公司	样板负责人	李明	设计负责人	王晓蕾
生产负责人	张红	生产管理负责人	李明	素材输入日期	2008年3月10日

（二）设计任务书

编号：2008-N-82　　　　　　　编制单位：××××服饰有限责任公司

款式编号	ZZ-2008-N82		号型	170/88A	
主体部位（单位cm）	净尺寸	成品尺寸	小部位（单位cm）	净尺寸	成品尺寸
衣长		76			
胸围		116	领座		4.5
肩宽	45	46			
袖长		61			
袖口		18			
领围		42			
下摆		128			
背长		42			
面料编号	JD-126		面料成分		锦缎
里料编号	YS-260		里料成分		斜纹里子绸
辅料	黏合衬、襻纽7副、滚条				

款式说明：
　　前中对襟开门，装有直角葡萄纽七副，中式立领，西式袖子。领子、门襟止口滚边。采用真丝团龙织锦缎面料制作，颜色为紫色地深蓝色龙纹等。滚边、盘扣所用面料与织锦缎中的颜色相同，和谐、协调。

款式设计	王晓蕾	日期
样板	李明	2008.03.11
样衣	肖静	2008.03.12
推板	赵平	2008.03.13
复合	纪晓	2008.03.14

编制时间：2008.03.10

任务一 盘扣的制作与滚边工艺

一、盘扣的制作工艺

盘扣又称盘纽，是中国特有的工艺服饰品。是由手工将长长的硬条回旋盘绕成各种造型的，主要运用于传统中国服饰上固定衣襟或装饰的一种纽扣。其制作工艺考究，造型细腻优美，花样繁多，富有想象力，是一种用来美化服装的手段。现介绍盘扣的制作工艺。

1. 做扣袢条

制作盘扣袢条，可以用手工缝制，也可以用机器缝制。

（1）方法一 衬线手缝法

取2cm宽的45°斜丝料30～50cm，将斜条两边毛口向里折成四层，先用针钉住，然后用手针缲牢。薄料在斜布条中间衬几根棉纱线，使其坚硬耐用，厚料不用衬线。它可用于做直扣、琵琶扣及实芯花扣等。见图7-1。

（2）方法二 机缝明线法

将斜条两边毛口向里折成四层，然后沿边车缉明线一道。它可用于做各种盘扣。见图7-2。

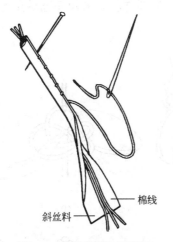

棉线
斜丝料

图7-1 衬线手缝法示意图　　图7-2 机缝明线法示意图

（3）方法三 机缝暗线法

① 将斜条正面对折，车缉一道。见图7-3①。

② 翻正袢条。见图7-3②。

它可用于做各种盘扣。

（4）方法四 包细铜丝法

先将薄斜料反面刮浆晾干，毛口向里折成四层。并用细铜丝夹进四层中间，再刮浆烫干。它可用于做空芯花和嵌芯花扣。见图7-4。

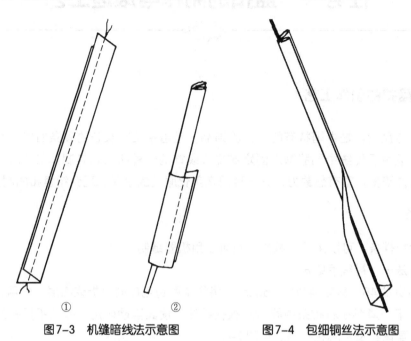

① ②
图7-3 机缝暗线法示意图　　　　图7-4 包细铜丝法示意图

2. 盘扣

　　将已制好的扣祥条，按图7-5所示的方法依照①—②—③—④—⑤的次序逐步进行编结。编结完后，应均匀拉紧，成为结实坚硬的圆珠状。若想使圆珠更饱满，可依照①—②—③—⑥—⑦的次序进行编结。

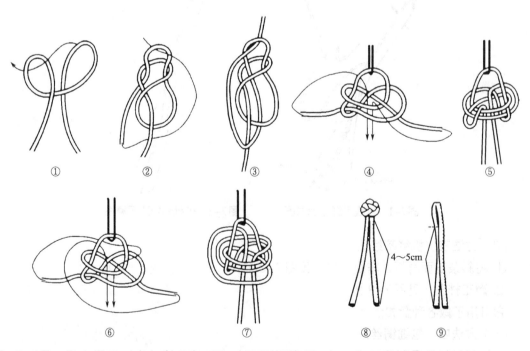

① ② ③ ④ ⑤

⑥ ⑦ ⑧ ⑨

图7-5 盘扣示意图

3. 直纽盘法

直纽是盘扣中制作起来最简单且应用最广泛的一种，一般男士上衣多采用此扣，扣袢与纽头制好后，留纽脚长4～5cm。见图7-5⑧⑨。

4. 琵琶扣的盘法

此纽因造型如同琵琶而得名，盘制方法见图7-6。按顺序逐步进行盘制，盘完后应将带头隐藏，并用手针在扣的反面缝牢固定。

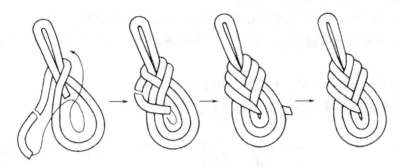

图7-6　琵琶扣盘制示意图

5. 实芯花扣的盘制

根据不同造型，不留空芯，从里面至外实盘，盘完后将其带头隐藏固定。

二、滚边工艺

滚边又称滚条，是用斜布条将衣片边缘包住，达到美观牢固的效果。如操作不当，就会出现宽窄不一，或产生窝势与涟形等弊病，影响外观。

1. 滚边的一般处理方法

有夹里的部位，如领头、摆缝开衩处、大襟处、袖口等可采用以下方法制作。

（1）将衣片毛缝折光。见图7-7①。

（2）将滚条缉上衣片，滚边宽为0.4cm或0.5cm。见图7-7②。

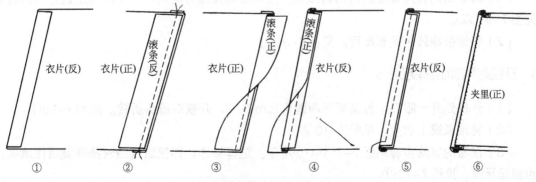

图7-7　滚边的一般处理方法示意图

（3）将滚条翻转，翻足。见图7-7③。

（4）将滚条包转，包足。见图7-7④。

（5）滚条反面与大身扎牢，但不能扎到正面。见图7-7⑤。

（6）夹里盖过扎线，与滚条缲牢。见图7-7⑥。

2. 底边的滚边处理方法

由于底边与夹里脱开，所以滚边要做光。方法如下：

（1）将衣片毛缝折光。见图7-8①。

（2）将滚条缲上衣片，滚边宽为0.4cm或0.5cm。见图7-8②。

（3）将衣片毛缝沿缲线翻转、翻足，滚条毛缝折光，折光后的宽度与滚边宽度一致。见图7-8③。

（4）将折光的滚条再包转、包足。见图7-8④。

（5）用缲针将滚条缲牢在大身翻转的缝头上。图7-8⑤。

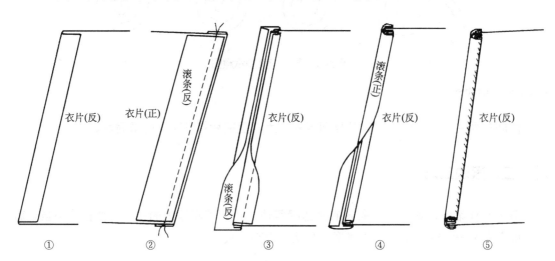

图7-8　底边的滚边处理方法示意图

3. 转角处的滚边处理方法

（1）滚条缲到转角处应折转后再缲线。注意应向摆缝方向折转，不应向底边方向折转。见图7-9①②。

（2）将滚条翻转包足到反面。见图7-9③。

4. 开衩处滚边的处理方法

（1）开衩处开一眼刀，剪至离开净缝0.1cm左右，开衩口缝头折转。见图7-10①。

（2）将滚条缲上衣片。见图7-10②。

（3）接着的方法步骤同图7-7③④⑤所示。这样操作，即使缲摆缝时按净缝缲住滚条，也能缲平服。见图7-10③。

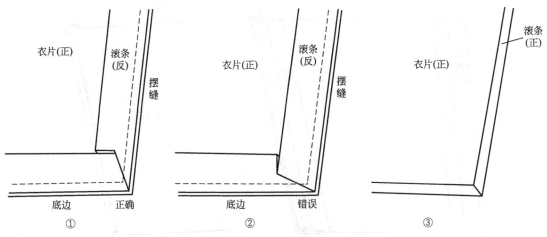

图7-9 转角处的滚边处理方法示意图

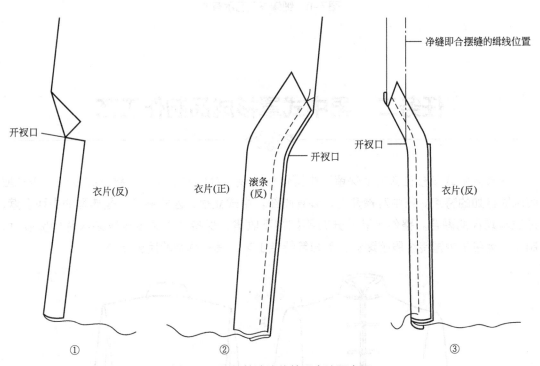

图7-10 开衩处滚边的处理方法示意图

5. 细镶滚

滚边中还有一种细镶滚，滚边特别窄，在0.2cm左右。方法如下：

（1）滚条边也要折光。见图7-11①。

（2）将滚条折光边与衣片折光边放齐，缉0.3cm左右。使滚边饱满，成圆形。见图7-11②。

（3）将滚条翻转、包足后，正面在漏落缝中用拱止口的针法将滚条固定。见图7-11③。

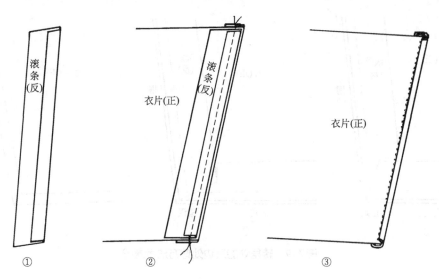

图7-11　细镶滚工艺示意图

任务二　男中式罩衫成品制作工艺

现代男中式罩衫在款式上保留了中国传统服装古朴儒雅的风韵，继承并发扬了中式服装洒脱自如的特点。前中对襟开门，装直脚纽，中式立领，西式袖子，是典型的中西合璧，传统与现代的融合。整件服装不开刀不打褶不收省，保持了中国传统服装衣片的完整性，制作中运用了中国传统服装滚边、盘扣等特色工艺，具有鲜明的民族特色。

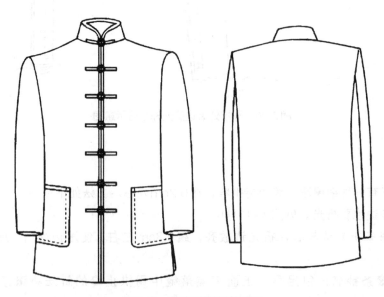

图7-12　男中式罩衫款式图

一、男中式罩衫外形概述与款式图

立领，前中开门对襟，钉七副直脚纽，前片左右各装一明贴袋，摆缝两侧下端开衩，两片圆装袖。领边、门襟处滚边。见图7-12。

二、男中式罩衫的部件及成品规格

1. 男中式罩衫部件

前衣片面、里各两片；后衣片面、里各一片；大袖片面、里各两片；小袖片面、里各两片；门襟挂面面、衬各一片，里襟连挂面面、衬各一片；领头面、里、衬各一片；袋布两片，滚条若干，直脚纽七副，领钩一副。

2. 成品规格

单位：cm

衣长	胸围	肩宽	领围	袖长	前腰节	袖口
76	116	46	42	60	42.5	18

三、男中式罩衫的质量要求

（1）符合规格要求。
（2）装领平整无歪斜，领头两边圆顺对称。
（3）门襟顺直，不搅不豁，下摆无涟形。
（4）前身贴袋平服，左右对称。
（5）绱袖圆顺，袖口平贴。
（6）滚边均匀，缲针整齐，正面针迹大小适中、一致。
（7）熨烫平挺、无亮光。

四、男中式罩衫缝制中的重点和难点

1. 装领

2. 盘扣、钉扣

五、男中式罩衫的工艺流程

做缝制标记、粘衬→做袋、绱袋→合挂面→合侧缝→合肩缝→做领→绱领→做袖→绱袖→滚边→盘扣、钉扣→整烫。

六、男中式罩衫的缝制

1. 做缝制标记、粘衬

（1）在以下部位打线钉做标记。

① 前片：底襟贴边面、里料止口、开衩、底摆折边、袋位。

② 后片：开衩、底摆折边。

③ 袖片：面、里料折边、绱袖点。

④ 领片：绱领点。

（2）粘衬　在前衣片挂面、连里襟反面烫上有纺黏合衬。见图7-13。

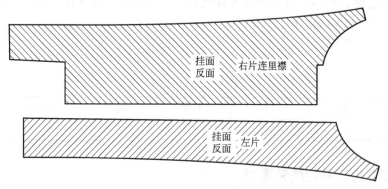

图7-13　挂面粘衬示意图

2. 做口袋、绱口袋

（1）将口袋净样三面各放缝0.8cm，上口需滚边，不用放缝。见图7-14①。

（2）袋口滚边。在袋口部位，缉一条宽2.5cm的直丝里料做袋口滚边，正面沿滚边止口缉线0.1cm，滚边宽0.4cm。见图7-14②。

（3）整烫口袋。在袋下口两端圆角净样内侧缉两道线做抽线。把抽线收拢，将口袋净样纸板摆在口袋反面，整烫袋布并折转缝份扣烫圆顺。见图7-14③。

（4）用手针将口袋绷缝到前衣片相应位置上，同样使两袋角略有吃势，然后按0.4cm缝份缉缝明线，最后拆除绷缝线。见图7-14④。

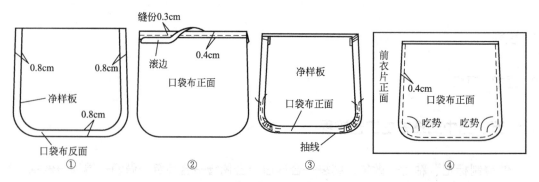

图7-14　男中式罩衫贴袋制作示意图

3. 合挂面

（1）做里襟　将连挂面的右前片的里襟按眼刀位置折转烫好，缉缝上下端口并翻烫里襟。见图7-15①。

（2）缝合挂面　将前身里子与挂面正面相对并沿净粉线缉缝，缝份1cm。缝份烫倒向里子一侧。再将合好的挂面与前衣片反面相对，按底边净粉线缉合下口，并翻烫。为防止吐里子，注意挂面坐进0.1cm。见图7-15②。

（3）修剪前片　将前片面里翻平摆正，前中心沿边绷缝固定，修剪时以面为准，领圈、袖窿、肩缝、摆缝同面一样大，底边比面净粉线长2cm。

（4）合里子背缝　为了增加后背的活动量，缉缝里子背缝时注意留出松量，见图7-16所示。缝份倒向一侧，并将后片面、里正面相对修剪领圈、袖窿、肩缝、摆缝，以待后用。

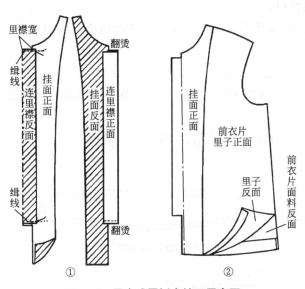

图7-15　男中式罩衫合挂面示意图

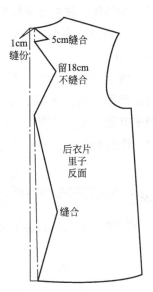

图7-16　男中式罩衫里子后背缝制作示意图

4. 缝合侧缝

（1）合衣面侧缝　将前后衣片正面相对，侧缝腰节剪口对准缉缝，缝份1cm，缉至开衩处打倒回针，然后劈烫缝份，并沿净粉线将侧开衩烫平。烫开衩时应先折开衩边，后折底边。

（2）合衣里侧缝　里子侧缝缝合止点比面料缝合止点低1cm，以便缝制。侧缝缝份朝后身烫倒，并在开衩处打剪口把里子缝份折转烫好，里子开衩烫法与面不同，应先折开底边，后折衩边。见图7-17。

（3）固定开衩　将面、里衩口相合，里子坐进0.2cm绷缝，待缲。

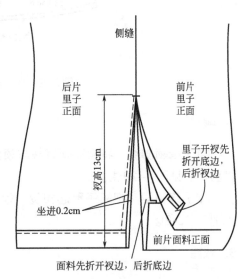

图7-17　男中式罩衫合侧缝示意图

5. 合肩缝

（1）合衣面肩缝　将前后衣片面料正面相对，肩缝对齐缉缝，缝份1cm，缉缝时注意后肩有一定的吃势量，并劈烫缝份。

（2）合衣里肩缝　将前后衣片里料正面相对，肩缝对齐缉缝，缝份1cm，缉缝时注意后肩有一定的吃势量，并将缝份朝后片烫倒。

（3）整理底边　将前后衣片下摆贴边按净粉线熨烫顺直，缉缝底边时面在下，里在上，对准里、面贴边上的对位和摆缝，缝份1cm。缉完之后用三角针把贴边绷缝在面子上，最后将底边翻正，熨烫平服。

6. 做领

（1）配领衬　按领片净样裁配树脂黏合衬。

（2）粘领衬　将黏合衬带胶一面粘在领面反面。用熨斗从中间向两端烫，烫出窝势。见图7-18①。

（3）缝合领面、领里　领面下口留1cm缝份，领里下口折转0.7cm扣烫，然后将领面、领里反面相对，离领子外口净粉线0.5cm合缉面里，缉线时应注意拉紧领里，以使做出的领子有里外匀。见图7-18②。

（4）修剪缝头　沿净粉线修剪领外口线，待滚边。见图7-18③。

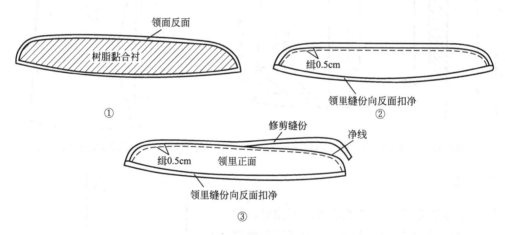

图7-18　男中式罩衫领子制作工艺示意图

7. 绱领

（1）缉领脚线　将领面领脚线与领窝正面相对，对准装领刀眼，沿净粉线缉缝，缝份打剪口。见图7-19①。

（2）缝领里　把领子翻起扣烫，领里折光边压住领圈里子，沿领里下口线缲缝固定。见图7-19②。

8. 做袖

（1）归拔袖片　把大袖片的前侧缝内弧线处拔开，但不能拔过袖偏线，见图7-20。

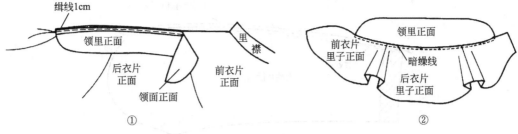

图7-19 男中式罩衫绱领工艺示意图

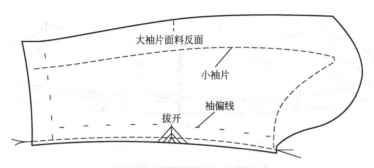

图7-20 男中式罩衫袖片归拔示意图

（2）合袖内侧缝 将大小袖面正面相对，对齐内侧缝后进行缉缝并劈烫缝份。里子做法同袖面做法，缝份倒向大袖。

（3）粘袖口衬 见图7-21。沿袖口贴边烫上有纺衬，并将贴边沿净份线扣转烫顺。

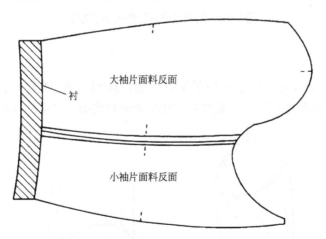

图7-21 男中式罩衫袖口粘衬示意图

（4）合袖外侧缝 将大小袖片正面相对，外侧缝对齐，缝合后劈烫缝份，缝份1cm。见图7-22。里子做法同袖面做法，缝份倒向大袖。

（5）勾合袖子 将袖子面、里反面翻出，面料在里，里料在外。在袖口处缉线，然后用三角针将贴边固定在面上，见图7-23①。

（6）在袖缝处加缉一道线（上下留空7～8cm），起固定作用，见图7-23②。将袖子翻正后，固定袖面、里的相对位置利于装袖。见图7-24①。

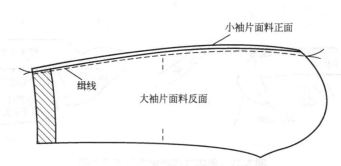

图7-22 男中式罩衫合袖外侧缝示意图

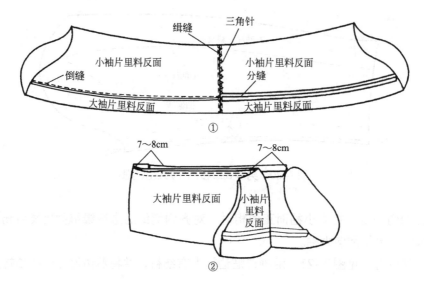

图7-23 男中式罩衫勾合袖子示意图

9. 绱袖

（1）抽袖山 从大袖内袖缝开始用手针密缝，直到小袖山的 2/3 处，缝份为0.3cm。注意用针要均匀，然后根据袖山吃量抽袖，使吃量分布均衡。见图7-24①。

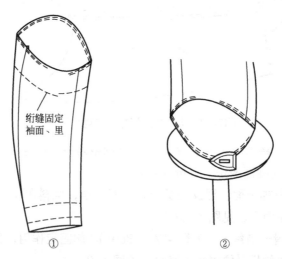

图7-24 男中式罩衫抽烫袖山示意图

（2）烫袖山　把抽好的袖山在烫凳上熨烫，使袖山吃量均匀，用手撑起袖子，观察袖子前后是否平衡，造型是否美观，袖山是否圆顺饱满。见图7-24②。

（3）缉袖面　袖子和衣身正面相套，对准袖山和袖窿的对位点缉缝，注意袖山吃势均匀，并在肩部把垫肩缝合在袖窿缝份上，见图7-25①。

（4）固定袖里子　把衣身的里料先固定在垫肩和衣身面料的袖窿缝份上，见图7-25②。再用绷缝将袖里固定在袖窿里子上，见图7-25③。最后用手针做暗缲缝固定袖里子。见图7-25④。

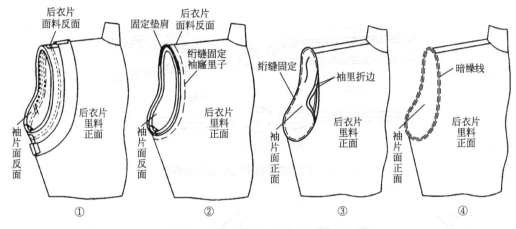

图7-25　男中式罩衫缉袖示意图

10. 滚边

（1）修缝份　将领外口、门襟止口需要滚边处修成净缝。

（2）用滚条一次性连续将净缝滚边　滚边时可先从左边门襟下摆开始，经领外口再至右边门襟直至下摆。见图7-26。

注意：

（1）滚条必须用45°斜丝。

（2）滚至里襟一侧时，应移开里襟连挂面，滚条仅与前衣片缉住，待滚条折转包实漏落缝缉压线时，将里襟连挂面一并缉住，完成滚边制作。

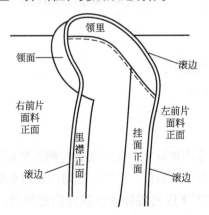

图7-26　男中式罩衫滚边工艺示意图

11. 盘扣、钉扣

（1）盘扣　男式对襟罩衣的葡萄纽应比女装的要长点、粗点，盘扣制作工艺过程见本项目任务一。

（2）钉扣　扣袢长4.8cm，纽头长4.5cm。见图7-27。纽袢钉在左襟上，纽头钉在右门襟上并露在门襟边外侧。在前领点钉第一颗盘扣，距下摆16cm钉第七颗扣，中间六等分，共钉7粒盘扣，见图7-28。注意钉扣前先用疏针固定盘扣，核对位置后再固定，门襟处要求平服、自然。

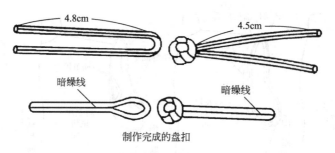

图7-27　男中式罩衫直脚纽规格示意图

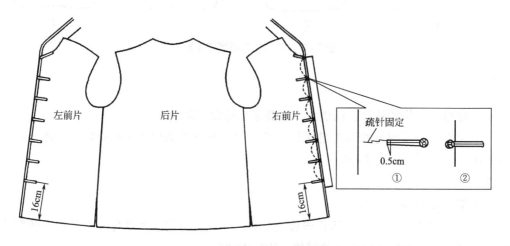

图7-28　男中式罩衫钉扣示意图

12. 其他手工

（1）钉领钩位置。前领宽居中。

（2）打套结位置；开衩口。

13. 整烫

（1）烫衣里　把熨斗温度调整适宜，先从男式对襟罩衣反面熨烫。首先烫前门、止口，然后烫前后身、侧缝，最后烫领、袖口、下摆。烫前门襟时要躲开扣子。

（2）烫衣面　从正面将不平服的部位喷水盖白棉布熨烫。整烫后各部位平服、美观、无褶皱。

思考与练习

1．考核内容：男中式罩衫的制作工艺和质量标准，以测试学员的掌握程度。

2．相关要求：考核时间应适中；考核的重点是制作方法是否正确及制作的质量；评分标准要细化；考核后应及时进行针对性点评。

任务三 旗袍成品制作工艺

旗袍，是一种内外和谐统一的典型民族服装，被誉为中华服饰文化的代表。其流动的旋律、潇洒的画意与浓郁的诗情，处处表现出中华女性贤淑、典雅、温柔、清丽的性情与气质。

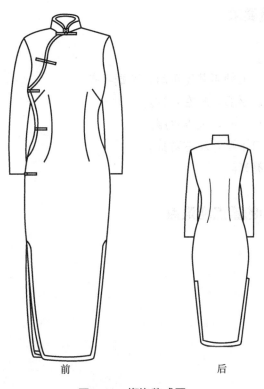

前　　　　　　　　后

图7-29　旗袍款式图

一、旗袍外形概述与款式特点

立领，偏襟，门襟钉盘扣；前身收腋下省及腰省，后身收腰省，开摆衩；一片圆装袖，袖子设袖肘省；装夹里（领头、偏襟、袖口、摆衩、底边均可采用滚边）。见图7-29。

二、旗袍罩衫的部件及成品规格

1. 旗袍部件

前、后衣片面、里各一片；袖片面、里各一片；领面、里、各一片，领衬两片（一片树脂衬，一片丝绸黏合衬）；大襟贴边面、衬各一片；底襟面、里各一片；牵条若干，滚条若干，盘扣九副粒，领钩一副。

2. 成品规格

单位：cm

衣长	胸围	腰围	臀围	领围
110	90	70	96	34
胸高	肩宽	前腰节	袖长	袖口
24	39	38	52	13

三、旗袍的质量要求

（1）符合规格要求。
（2）领头圆顺对称，上领平整无歪斜，两端平齐。
（3）衣身省道顺直、平服，左右对称。
（4）开衩平服，长短一致，夹里平服。
（5）装袖圆顺，袖口平贴，左右对称。
（6）熨烫平挺、无亮光。

四、旗袍缝制中的重点和难点

1. 装领

2. 绱袖

3. 滚边

4. 盘扣

五、旗袍的工艺流程

做缝制标记→缝制前、后衣片→缝合前、后衣片→缝合衣片里料→缝底襟→缝合里子→做领、装领→做袖、装袖→盘扣、钉扣→整烫。

六、旗袍的缝制

1. 做缝制标记

在以下部位打线钉做标记。

① 前片：底襟贴边面、里料止口、腋下省、腰省、开衩、底摆折边。

② 后片：腰省、开衩、底摆折边。

③ 袖片：面、里料肘省、折边、绱袖点。

④ 领片：绱领点。

2. 缝制前、后衣片

（1）收后腰省　将后片正面相对，缉缝腰省，省尖处缉尖。见图7-30①。

（2）烫后腰省　省倒向后中，省缝、省尖要烫平服，不得有窝叠或拔丝现象。见图7-30②。

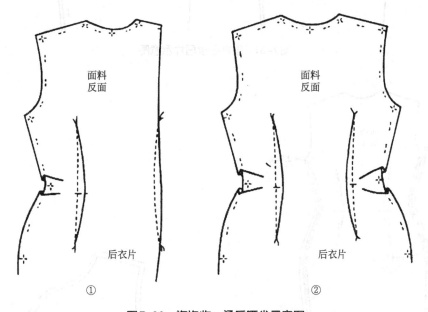

图7-30　旗袍收、烫后腰省示意图

（3）归拔后片　将后片正面相对折叠放在案板上，拔开后中缝腰部区域，拔开侧缝，归拢侧臀部，再把后袖窿略归一下，把凸势推向后背处，推出肩胛骨凸势。左右要用力均匀对称。见图7-31。

（4）后衣片粘牵条　为保证侧缝曲线的稳定性，在侧缝开口处沿侧缝粘贴一直丝牵条。后片由腋下0.5cm至前开衩点下3cm粘牵条，在弧线处牵条打剪口。见图7-32。

（5）收前腰省、腋下省　将前片沿腰省中线折叠，反面朝外，缉缝腰省，省尖要缉尖、缉匀。见图7-33。

（6）烫前腰省　腰省倒向前中，腋下省向上倒，省缝烫成倒缝。见图7-33。

服装成衣工艺

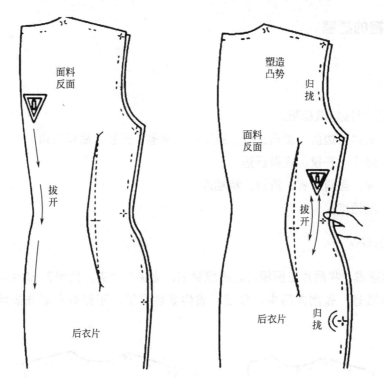

面料
反面

拔开

后衣片

塑造
凸势

归拢

面料
反面

拔开

归拢

后衣片

归拢

图7-31　旗袍归拔后片示意图

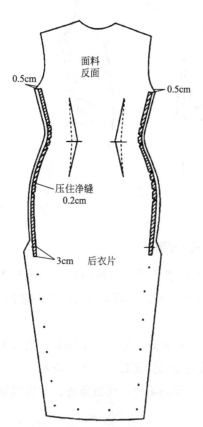

面料
反面

0.5cm

0.5cm

压住净缝
0.2cm

3cm　后衣片

图7-32　旗袍后衣片粘牵条示意图

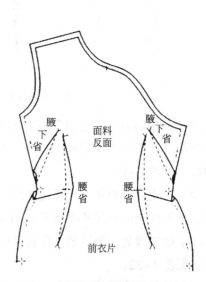

腋
下
省

面料
反面

腋
下
省

腰省

腰省

前衣片

图7-33　旗袍收、烫前腰省示意图

（7）归拔前片 为使腹部饱满，要将前腹部拔成弧度。将前片正面相对折叠，拔开前中缝腰部区域，拔开侧缝，归拢侧臀部，左右要用力均匀。见图7-34。

（8）前衣片粘牵条 在前中心线偏门襟处，开衩点下3cm处粘牵条。见图7-35。

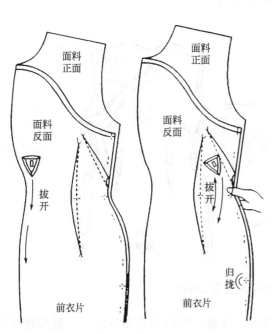

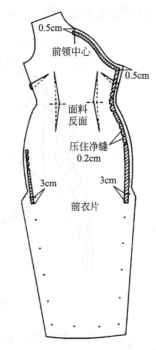

图7-34 旗袍归拔前衣片示意图

图7-35 旗袍前衣片粘牵条示意图

3. 缝合前、后衣片及偏门襟

（1）合侧缝 前、后衣片正面相对，沿边对齐，沿侧缝线从腋下缉缝至开衩止口。右侧只缝合臀部一段，劈烫缝份。见图7-36。

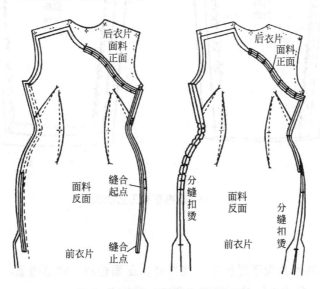

图7-36 旗袍合侧缝工艺示意图

（2）偏门襟的处理

① 另加贴边，形成偏门襟止口缝门襟贴边，见图7-37。将贴边与门襟相对，再沿边缝合。

② 用斜纱做滚边处理。方法见本项目任务一。

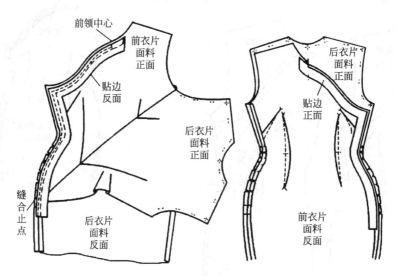

前领中心
前衣片
面料
正面
贴边
反面
后衣片
面料
正面
缝合止点
后衣片
面料
反面

后衣片
面料
正面
贴边
正面
前衣片
面料
反面

图7-37　旗袍偏门襟工艺示意图

（3）制作摆衩　先将前片开衩下方沿净缝烫平整，然后用三角针固定，最后烫下摆，用暗缲缝固定且熨烫。后片制作同前片。见图7-38。

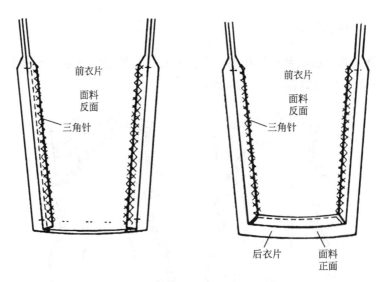

前衣片
面料
反面
三角针

前衣片
面料
反面
三角针

后衣片
面料
正面

图7-38　旗袍摆衩工艺示意图

4. 缝制衣片里子

（1）缉后省　将后片里子沿腰省中线折叠，正面相对，缉缝腰省，缉缝线迹要略少于实际省宽的0.2cm，省尖处打结。省倒向侧缝，见图7-39。

（2）缉前省　前片收前腰省、腋下省。将腋下向下倒烫倒。见图7-40。

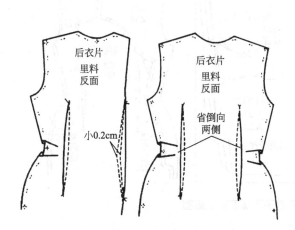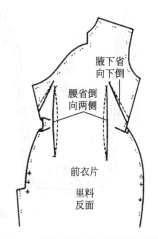

图7-39　旗袍里子后省工艺示意图　　　　**图7-40　旗袍里子前省工艺示意图**

（3）合侧缝　侧缝对齐后缉缝，线迹距净粉线0.2cm，以确保里子有一定松量。底襟一侧的门襟缝合止点比面料止点低1cm，修剪熨烫缝份。见图7-41。

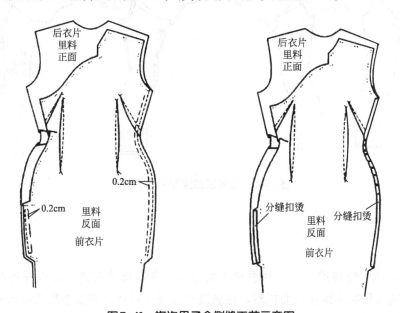

图7-41　旗袍里子合侧缝工艺示意图

（4）扣烫下摆与门里襟　烫下摆开衩处缝份，烫贴边缝份，将底摆向前片里扣烫后缉缝0.1cm明线。后片制作工艺同前片。见图7-42。

5. 缝制底襟

（1）缉省　分别缉缝底襟面、里上的省，省份扣烫时倒向需相反，这样可使衣身平服。见图7-43①。

（2）合底襟　将底襟面、里正面相对，进行缝合。见图7-43②。

（3）烫底襟　在起点、弧度处打上剪口，翻烫底襟。可借助烫枕烫出窝势。见图7-43③。

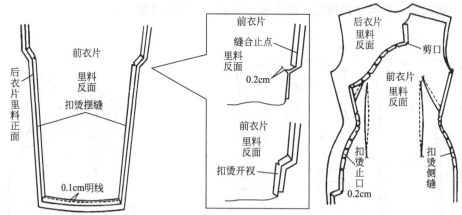

图7-42 旗袍里子下摆工艺示意图

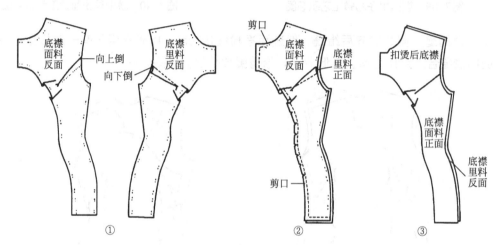

图7-43 旗袍底襟缝制工艺示意图

6. 合肩缝

（1）合肩缝　先将前、后衣片面料正面相对，在肩缝处对齐，并按净粉线缝合肩缝。再将底襟面料与后衣片面料正面相对，在肩缝与侧缝处对齐，并按净粉线缝合肩缝、侧缝。见图7-44①。

（2）劈烫肩缝、侧缝处缝份　见图7-44②。

（3）缝里子　做法同上。先合肩缝，见图7-45①；再劈烫缝份。见图7-45②。

7. 固定面料与里料

（1）固定面料与里料的肩缝、侧缝　将已劈烫的面料衣片的肩缝、侧缝止口分别与已劈烫的里料的肩缝、侧缝止口面对面叠齐，缝合缝份固定面、里止口。见图7-46①。注意肩和侧缝各留一段不缝合，以防变形。最后把里子用绷缝固定在大襟贴边上和开衩折边上，然后用手针做暗缲缝。侧缝开口摆缝的处理方法一般由连折边、滚边、镶嵌等。连折边，

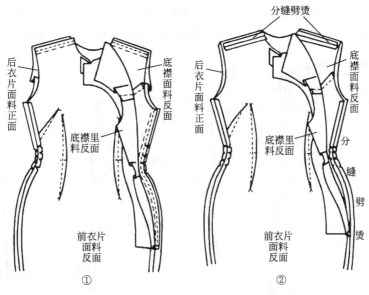

图7-44 旗袍肩缝（面料）工艺示意图

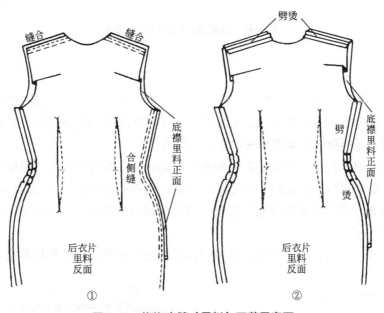

图7-45 旗袍肩缝（里料）工艺示意图

在裁剪时开口侧缝与底边的缝份加大，直接折扣缝份和里子缲缝固定，本节采用此种方法。滚边是采用斜纱滚条把裁边固定，方法见本项目任务一。镶嵌是将镶嵌布放于衣片反面缉缝，然后翻到正面，手缲或机缝固定镶嵌布条。

（2）固定门襟贴边与里料，前衣片的大襟边位 固定好肩缝、侧缝止口后，将里料覆盖在面料，把里料大襟边覆在门襟贴边上，对齐腰位、臀位及大襟贴边底边，用绗缝固定，然后用暗缲针缲缝。见图7-46②。

（3）固定面、里料的摆衩位　将已经折烫好的里料摆衩位覆在面料摆衩位上，铺平衣片，各位置对准确。用绗缝将面料、里料开衩位临时固定，再用缲针缲牢。见图7-46③。

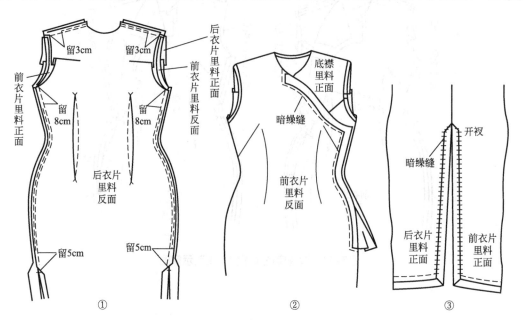

图7-46　旗袍面、里料缝合示意图

8. 做领

（1）配衬　按领片裁配树脂衬和丝绸黏合衬，丝绸黏合衬比领片净粉线周边大0.1cm，树脂衬比领子净粉线周边小0.1cm。见图7-47①。配衬时注意选用免缩水，能整烫，有一定韧性的衬料，根据面料的厚薄来决定是否用双层衬。

（2）粘衬　将树脂衬与丝绸黏合衬相叠后沿边缉合，黏合衬带胶一面朝外并和领面反面相粘。粘贴时需将熨斗放置领衬中部往两边熨，用左手提起左领角，熨斗向右方向整烫，随着熨斗的推进，拿左领角的手顺势抬起，再以相同的方法将另一侧整烫粘贴，形成领衬的窝势。见图7-47②。

（3）勾领子　先把领里的绲领边沿净份扣烫，然后将领面与领里正面相对重叠，按净

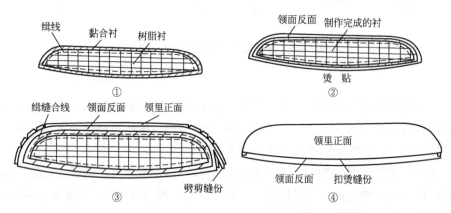

图7-47　旗袍领子工艺示意图

粉线缉线，在领嘴处略吃领面，使领嘴形成窝势，使领子翻正后平服。见图7-47③。

　　（4）修剪缝份　将两领角处的缝份修剪成0.3cm，其余缝份修剪成0.5cm，确保领外口边缘平薄。

　　（5）烫领　将领嘴处缝份叠好，然后将领正面翻出。将翻好的领里正面朝上，用熨斗烫死缉缝，使领面在缉缝处外吐0.1cm。见图7-47④。

9. 绱领

　　（1）缉领脚线　将衣片正面朝上，领子放在衣片上，领面与衣片正面相对，将领面领脚线与双层衣片领窝对齐，沿净粉线缉缝。注意装领刀眼要对准，缝份上打剪口。见图7-48①。

　　（2）缲领里　把领子翻起熨烫，沿领里领脚线缲缝固定。见图7-48②。

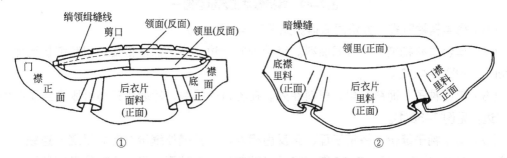

图7-48　旗袍绱领工艺示意图

10. 做袖

　　（1）归拔袖片　拔开袖片的前侧缝内弧线。见图7-49①。

　　（2）缉面料袖肘省　缝袖面的袖肘省，省缝向下倒。见图7-49②。

　　（3）缉袖山抽线　缝两道袖山吃势线进行抽袖山。见图7-49③。

　　（4）缝合面料袖缝　将袖子面料两侧缝正面相叠，对齐后进行车缝，缝合后劈烫缝份。见图7-49④。

　　（5）抽袖山　使袖山与袖窿尺寸相符，并烫袖山吃量。见图7-49⑤。

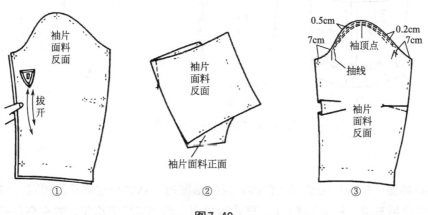

图7-49

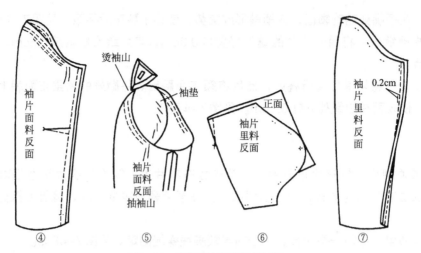

图7-49 旗袍做袖工艺示意图一

（6）缉里料袖肘省　方法同面料。见图7-49⑥。

（7）缝合里料袖缝　方法同面料。缝份倒向一边。为了保证松量，里料缝份比面料小0.2cm。见图7-49⑦。

（8）勾合袖子　面料在里，里料在外。在袖口处缉线，然后用三角针固定里子和面料的贴边。见图7-50①。

（9）固定袖子缝份　将袖子面、里反面相对，将袖缝处缝份对齐并缉缝一道线（上下留空），起固定作用。见图7-50②。将袖子翻正后，在袖面、里的相对位置纫缝固定，以便装袖。见图7-50③。

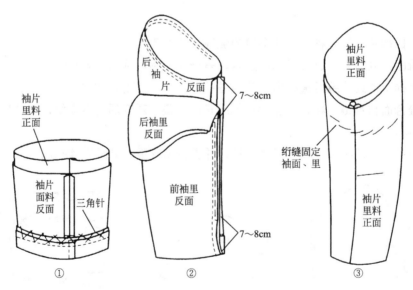

图7-50 旗袍做袖工艺示意图二

11. 绱袖

（1）绱袖面　将面料袖子套入面料衣身的袖窿内，袖山与袖窿正面相对，对准袖山和袖窿的对位点后车缝，见图7-51①。要注意袖山前后的吃量要均匀，并在肩部把垫肩缝合在袖窿缝份上。

（2）固定袖里子　把衣身的里料先固定在垫肩和衣身面料的袖窿缝份上，见图7-51②。再将袖里绗缝固定在袖窿里子上，见图7-51③。最后用暗缲针缲缝固定袖里，见图7-51④。

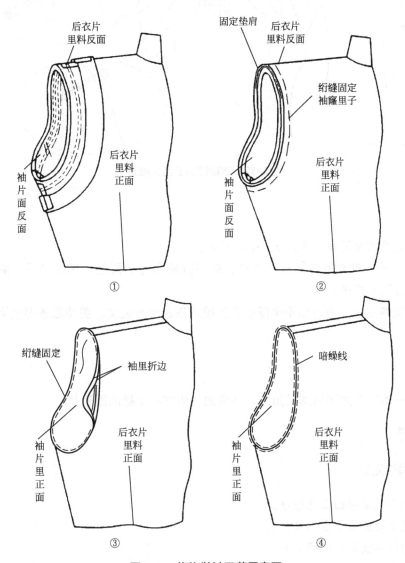

图7-51　旗袍装袖工艺示意图

12. 盘扣、钉扣

（1）做袢条　见本项目任务一。

（2）盘扣　见本项目任务一。

（3）钉盘扣　扣袢长4.3cm，纽头长4cm。见图7-52所示。纽头钉在门襟上并露在门襟边外侧，扣袢钉在底襟上。将前领点到腋下点之间钉5粒盘扣，需将门襟弧线四等分。由腋下点到臀线之间钉4粒盘扣，需将弧线四等分。注意钉扣前先用疏针固定盘扣，核对位置后再固定，门襟处要求平服、自然。

服装成衣工艺

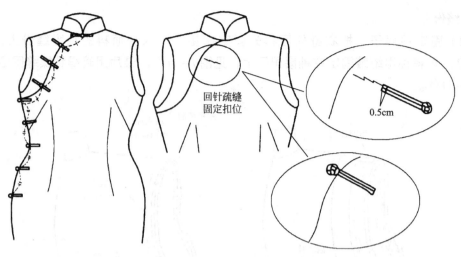

回针疏缝
固定扣位

0.5cm

图7-52 旗袍钉扣工艺示意图

13. 整烫

把熨斗温度调整适宜，先烫里子，再烫面。

（1）烫里子 首先烫前门襟、止口，然后烫前后身、侧缝，最后烫领、袖口、下摆。烫前门襟时要避开扣子。

（2）烫旗袍正面 将正面不平服的部位喷水盖白棉布熨烫。整烫后各部位平服、美观、无褶皱。

14. 钉领钩

有钩的一边钉在大襟的圆领角上，半弯的一边钉在小襟的圆领角上。

思考与练习

第一模块 理论知识

1．写出中式罩衫的工艺程序。

2．中式罩衫的质量要求是什么？

3．怎样做中式罩衫的领头？

4．中式罩衫装领要注意哪些方面？

5．怎样整烫中式罩衫？

第二模块 技能测试

准备纽条，手工制作葡萄纽两副。

附 录

附录1

《服装缝制工艺》实训（验）评价表

项目名称：_____　　　姓　　名：_____

班　　级：_____　　　学　　号：_____

	考核项目		A	B	C	成绩
1	项目计划决策		项目计划合理、实施准备充分、实施过程有详细的工艺文件	项目计划合理、实施准备较充分、实施过程有较详细的文件	项目计划较合理、实施准备较充分、实施过程无工艺文件	20%
2	项目实施检查		在规定的时间内能完成任务，服装产品尺寸准确，外表平服、无任何缺陷，操作过程中动作规范	在规定的时间内能完成任务，服装产品尺寸符合要求，外表平服、无极光，无明显缺陷，操作过程中动作较规范	在规定的时间内能完成任务，服装产品尺寸基本符合要求，外表平服，无明显缺陷，操作过程中动作要领未完全理解	25%
3	项目讨论评估		能完整总结项目的开始、过程、结果，准确分析总结加工中出现的各种现象、加工结果，正确回答思考题	能完整总结项目的开始、过程、结果，较准确分析总结加工中出现的各种现象、加工结果，能够回答思考题	能较完整总结项目的开始、过程、结果，较准确分析总结加工中出现的各种现象、加工结果，基本上能回答思考题	15%
4	职业素养	遵守时间	不迟到，不早退，中途不离开项目实施现场	不迟到，不早退，中途离开项目实施现场的次数不超过一次	有迟到或早退现象，中途离开项目实施现场的次数不超过两次	10%
		机器保养	严格按照机械设备操作每次操作设备时进行保养，态度认真	经过提示能够按照机械设备操作每次操作设备时进行保养，态度较认真	每次经过提示能够按照机械设备操作每次操作设备时进行保养	5%
		文明生产	机器设备打扫干净，工具、量具摆放整齐，地板无污水及其他垃圾	机器设备打扫干净，工具、量具摆放较整齐，地板无污水及其他垃圾	机器设备打扫基本干净，工具、量具摆放较整齐，地板无污水及其他垃圾	10%
		环境保护	爱护环境，废物等污染物按要求放入指定的地点，由专人负责定期回收			5%
		团结协作	配合很好，服从组长的安排，积极主动，认真完成本项目	配合较好，能按组长的安排完成本项目	能和同学配合完成本项目	5%
		语言能力	积极回答问题，条理清晰，声音响亮	主动回答问题，条理较清晰，声音响亮	能够回答问题，声音清晰	5%
总结						

服装成衣工艺

附录2　男西裤缝制评分标准

项目	考核要求	序号	扣分规定	应扣分	得分
式样 3分	成品与款式图的一致性；线条流畅，美观；结构合理、比例正确	1	完全不符合扣3分，1项不符扣1分	3	
缝制 62分	腰头8分 　腰头平服，左右对称，宽窄一致，止口不反吐	2	摇头宽窄互差大于0.3cm	1	
		3	腰头里、面、衬不平服	2	
		4	腰头不方正	2	
		5	腰头不顺直，止口反吐	2	
		6	缉线不顺直	1	
	串带襻4分 　串带襻长短、宽窄、高低一致，缉线宽窄一致，左右对称	7	串带襻长短、宽窄、高低不一致	2	
		8	缉线宽窄不一致，左右不对称	2	
	省与折裥2分 　省边顺直平服，长短一致，左右对称	9	前身折裥对称互差大于0.5cm	1	
		10	后身折裥对称互差大于0.5cm	1	
	门、里襟10分 　门、里襟平服，长短、宽窄一致，止口不反吐，拉链不外露	11	门、里襟不平服	2	
		12	止口反吐	2	
		13	拉链外露	2	
		14	门、里襟长短、宽窄不一致，互差大于0.5cm	2	
		15	封接不整齐、不牢固	2	
	前后裆4分 　前后裆圆顺平服，拉伸不断线	16	前后裆不圆顺，不平服	2	
		17	后裆拉伸断线，后裆只缉一边线	2	
	侧袋8分 　侧袋长短高低一致，左右对称	18	袋口不平服	2	
		19	袋口长短互差大于0.5cm，封结不牢固	2	
		20	袋口缉线不顺直，明线宽窄不一致	2	
		21	袋口发毛，里口线未缉	1	
		22	袋布不规整，袋布未缉来去缝	1	
	后袋10分 　后袋嵌条宽窄一致，顺直，平服，门子封口整齐、牢固，袋脚方正	23	袋口不方正，袋脚毛出或起皱	2	
		24	嵌线、垫袋布下口未缉牢	2	
		25	后袋嵌条宽窄不一致，盖不住袋口	2	
		26	袋口距腰口高低不一致，误差大于0.3cm	2	
		27	袋布缉线不顺直，未缉来去缝	2	
		28	袋口不平服，封袋口缉线不平整、不牢固	2	

续表

项目	考核要求	序号	扣分规定	应扣分	得分
缝制 62分	裤腿 4分 两裤腿长短、肥瘦一致	29	两裤腿长短不一致，相差0.5cm	2	
		30	两裤腿肥瘦不一致，相差0.5cm	2	
	侧缝、下档缝顺直、平服 6分	31	侧缝、下档缝不顺直，缝头宽窄不一致	2	
		32	下档缝膝盖以上未缉两边线或缉线有双轨	2	
		33	上下档十字未缉准，互差大于0.5cm	2	
	裤扣位置正确，钉扣牢固 4分	34	钩与鼻不对位，互差大于0.3cm	2	
		35	钉扣不牢固	2	
	脚口贴边宽窄一致、整齐 2分	36	脚口贴边宽窄不一致、互差大于0.3cm，脚口不整齐，正面针迹明显	2	
规格尺寸 8分	成品规格在国标公差范围内，1项不符合扣2分，扣完为止	37	裤长每超、差±1.5cm	2	
		38	腰围每超、差±2cm	2	
		39	臀围每超、差±2cm	2	
		40	脚口每超、差±0.3cm	2	
工艺进度 10分	在规定时间内完成考核内容的程度。规定时间：240分钟	41	按规定时间完成给10分	0	
		42	超过10分钟	5	
		43	超过20分钟	7	
		44	超过30分钟	10	
外观质量 6分	产品整洁 3分	45	表面污渍面积在2cm²以内，线头长于0.5cm，有粉印，线钉两处以内	2	
		46	里部污渍面积在4cm²以内，线头长于10cm，有粉印，线钉两处以内	1	
	各部位熨烫平服3分	47	前后挺缝线未烫平或漏烫	1	
		48	各部位熨烫不平服，有死褶，有烫黄变色现象	1	
		49	褶裥省缝未烫平、烫煞	1	
工艺 6分	按工艺规定要求	50	针距未按规定12～14/3cm	2	
		51	开断线0.5cm以内	2	
		52	工艺做错	2	
工具设备 3分	正确使用工具、设备，无损坏，工具摆放位置有序	53	设备损坏	1	
		54	工具损坏	1	
		55	机针折断，工具乱摆	1	
安全文明生产 2分	考场安静，考生无受伤	56	大声讲话，人员受伤，每项计1分，扣完为止	2	
合计					

附录3 男衬衫缝制评分标准

项目	考核要求	序号	扣分规定	应扣分	得分
式样 3分	成品与款式图的一致性；线条流畅，美观；结构合理、比例正确	1	完全不符合扣3分，1项不符扣1分	3	
缝制 62分	领面不起泡，底领不外露，领型对称，领前止口顺直 16分	2	领面不平服，起泡	4	
		3	底领外露	4	
		4	领型不对称，长度、弯度、宽度互差大于0.2cm	4	
		5	装领歪斜，偏差大于0.4cm	4	
	装领不歪斜，明线顺直，无接线、无跳针，止口不反吐，领窝前后左右圆顺、不起皱，领型圆顺，左右一致，袖克夫方正、对称、止口不反吐，缉明线顺直，无连续三个以上跳针 20分	6	上领1/3前都有明显接线，上领有跳针，止口反吐	4	
		7	领窝不圆顺，起皱	4	
		8	领型不圆顺，左右不一致	3	
		9	装袖不圆顺，前后误差大于1cm	4	
		10	袖衩长短互差大于0.4cm，宽窄互差大于0.3cm	2	
		11	袖克夫不圆顺，前后误差大于0.5cm，止口反吐，缉明线不顺直，连续三个以上跳针	3	
	袖克夫长短宽窄一致，克夫里面平挺，克夫里不起翘；裥的大小、长短一致；袖长一致，袖底十字相对；袋位端正、不偏斜，袋口缉明线宽窄一致；无跳线，袋口松紧适宜 16分	12	长短互差大于0.8cm，宽窄互差大于0.5cm	2	
		13	袖裥大小互差大于0.8cm，袖裥长短互差大于0.6cm	2	
		14	袖克夫不平挺，袖克夫里起壳	2	
		15	袖底十字互差大于0.8cm，袖长互差大于0.6cm	2	
		16	袋位歪斜，互差大于0.4cm	2	
		17	缉明线宽窄大于0.2cm	2	
		18	有两个以上跳针	2	
		19	口袋缝松紧不适宜	2	
	门襟顺直，领豁口0.2～1cm，门里襟长短一致 4分	20	门襟不顺直，豁口超过规定	2	
		21	门里襟长短不一致，互差大于0.6cm	2	
	摆缝不弯曲、无宽窄，一致 2分	22	摆缝弯曲较严重，宽窄互差大于0.4cm	1	
		23	下脚边、内缝宽窄互差大于0.4cm	1	
	后背折裥顺直，整烫复势顺直，无高低变化 4分	24	后背折裥不顺直	2	
		25	复势高低变化大于0.2cm	2	

续表

项目	考核要求	序号	扣 分 规 定	应扣分	得分
规格尺寸8分	成品规格在国标公差范围内，1项不符合扣2分，扣完为止	26	衣长每超、差±2cm	2	
		27	胸围每超、差±2cm	2	
		28	袖长每超、差±0.8cm	2	
		29	肩宽每超、差±0.6cm	2	
		30	领大每超、差±0.6cm	2	
工艺进度10分	在规定时间内完成考核内容的程度。规定时间：240分钟	31	按规定时间完成给10分	0	
		32	超过10分钟	5	
		33	超过20分钟	7	
		34	超过30分钟	10	
外观质量6分	产品整洁 3分	35	表面污渍面积在2cm²以内，线头长于0.5cm，有粉印，线钉两处以内	2	
		36	里部污渍面积在4cm²以内，线头长于10cm，有粉印，线钉两处以内	1	
	各部位熨烫平服、折叠端正，有型号标志3分	37	左右肩互差大于0.6cm，折出部位左右互差大于1cm，没钉型号标志	1	
		38	各部位熨烫不平服，有死褶，有烫黄变色现象	1	
		39	褶裥省缝未烫平、烫煞	1	
工艺6分	按工艺规定要求	40	针距未按规定12～14/3cm	2	
		41	开断线0.5cm以内	2	
		42	工艺做错	2	
工具设备3分	正确使用工具、设备，无损坏，工具摆放位置有序	43	设备损坏	1	
		44	工具损坏	1	
		45	机针折断，工具乱摆	1	
安全文明生产2分	考场安静，考生无受伤	46	大声讲话，人员受伤，每项计1分，扣完为止	2	
合计					

附录4 男西装缝制评分标准

项目	质量要求	分值	序号	扣分规定	扣分	得分
规格	按标准规格	10	1	衣长：西服+1cm或–1cm 大衣：+1.5cm或–1.5cm	2	
			2	胸围+1.5cm或–1.5cm	2	
			3	袖长+0.7cm或–0.7cm	2	
			4	总肩宽+0.6cm或–0.6cm	2	
			5	袖口+0.3cm或–0.3cm	2	
领子、驳头	领子驳头对称、平服、驳口线顺直，领翘适宜；绱领端正，整齐牢固，领窝圆顺、平服	18	6	松紧不适宜，表面不平整	2	
			7	不顺直，翻吐	4	
			8	左右不对称	4	
			9	绱领两端不牢固	2	
			10	领窝不平服，上领偏斜大于0.4cm	4	
			11	领翘不适宜，底领外露大于0.2cm	2	
前门襟	平服、不翻吐。长短一致	8	12	门、里襟不顺直、平服，止口明显翻吐	4	
			13	门襟长于里襟0.8cm以上	4	
肩、胸背	肩不平服，肩缝顺直，长短一致。胸部丰满，左右对称后背腰部平服摆缝顺直	10	14	肩部不顺直平服	1	
			15	两件宽窄不一致，互差大于0.5cm	1	
			16	胸部不丰满，左右不对称	2	
			17	后背不平、起吊	2	
			18	开衩不平服、不顺直，长短互差大于0.3cm	2	
袖子	绱袖圆顺，吃势均匀。长短一致，袖衩缝顺直	10	19	绱袖不圆顺，吃势不均匀	8	
			20	袖长左右对比互差大于0.7cm 两袖口对比互差大于0.5cm	4	
袋	平服放整，松紧适宜	14	21	大袋位高低互差大于0.3cm，前后互差大于0.7cm，左右不对称	4	
			22	袋盖大小长短不一致，嵌条不顺直，压线不正确	5	
			23	手巾袋不规整，宽窄不一致，两端不整齐	4	
			24	里袋位置不正确，开线不顺直，封结扎线不规整	1	
扣、眼	钉扣牢固，扣眼整齐，眼距相等，扣与眼位相对	2	25	眼位距里偏差大于0.4cm，眼与扣位互差0.4cm，扣眼不整齐，互差0.2cm	1	
			26	未绕脚，钉缲不牢固	1	
折边	底边圆顺平服折边宽窄一致	2	27	底边不圆顺，里子底边明显一致	2	
里子挂面	里子与面、衬平服，挂面松紧适宜	2	28	里、面、衬不平服，松紧不适宜	1	
			29	挂面松紧不适宜	1	

续表

项目	质量要求	分值	序号	扣分规定	扣分	得分
熨烫	各部熨烫平服，无烫黄、变色	8	30	各部熨烫不平服，有烫黄、变色	4	
			31	黏和衬部位有脱胶现象	2	
毛脱、漏针码	各部位无毛脱、漏针码现象	3	32	表面出现毛脱漏现象	1	
			33	里部出现毛脱漏现象在 1.5cm 以内	1	
			34	明线每 3cm 针数超过 16～18 针	1	
定线	摆缝袖缝钉线松紧适宜	1	35	摆缝袖缝未钉线	1	
商标		1	36	商标定制不完整，无国家标准	1	
纱向		3	37	衣身纱向不正确	3	
对条对格	对条对格符合GB/2664-93表1规定	3	38	每超一项扣0.5分	3	
色差	袖缝摆缝色差不低于4级，其他表面部位高于4级	2	39	表面部位色差超过标准0.5级，衣身色差明显	2	
拼接		1	40	领里拼接超过四块三拼，挂面超过一拼，没有避开扣眼	1	
疵点		2	41	每个独立部位只允许疵点一处，符合GB/T2664-93表2规定	2	
合计						

注：1.出现烫黄、变色现象各扣10分；现象变质、残破现象扣10～50分。

2.缺主件（前后片、袖片、领面、挂面）扣30分，缺次要部件扣10分。

3.有倒顺毛的面料，顺向不一致扣10分。每做错一步工艺扣1～3分。

4.主要表面部位有明显色差，每处扣10分。有明显污渍扣2～5分。

5.项目之间不重复扣分。

6.只对考核项目进行评分。

附录5 旗袍缝制评分标准

项目	质量要求	分值	序号	扣分规定	扣分	得分
规格	按旗袍质量标准规定的公差范围	10	1	领子超、差±0.6cm		
			2	胸围超、差±2cm	2	
			3	腰围超、差±2cm	2	
			4	总肩宽超、差±0.6cm	1	
			5	臀围超、差±2cm	2	
			6	衣长超、差±2cm	2	
			7	袖长超、差±0.7cm	1	
外观	产品整洁	20	8	表面或反面有污渍、水花或线头	4	
	各部位熨烫平服		9	熨烫不平服,有死褶、亮光	4	
	造型美观、线条流畅		10	领子在颈部不平服;大襟不平服;开衩不顺直、不合缝;后衣身腰部不平服各扣3分	12	
领子	领子止口顺畅、领角对称、平服,领子窝服适宜;领窝圆顺、不起皱	14	11	领面、里松紧不一,不平服	3	
			12	上领歪斜,领子两端不整齐	4	
			13	左右不对称	2	
			14	领子不平服	3	
			15	领子用料不正确,纱线不顺直	2	
大襟	平服、不翻吐。长短一致	6	16	大襟起皱或拉豁	3	
			17	大襟圆角处不圆顺	3	
拉链	拉链平服,不外露	4	18	拉链不平服	2	
			19	拉链外露	2	
袖子	绱袖圆顺,吃势均匀;左右对称,长短一致	8	20	绱袖不圆顺,吃势不均匀	2	
			21	袖长左右对比互差大于0.5cm	2	
			22	两袖口对比互差大于0.3cm	2	
			23	左右袖上袖不对称	2	
摆衩	平直,前后片摆衩合缝	9	24	摆衩不平服	3	
			25	纱向不顺直	3	
			26	封结不整齐、不牢固	3	
收省缉缝	缉线顺直、平服;收省顺直	6	27	缉线不顺直、不平服,缝头宽窄不一致,扣2分	3	
			28	收省不顺直,扣2分	3	

续表

项目	质量要求	分值	序号	扣分规定	扣分	得分
滚条	顺直、宽窄一致	7	29	不顺直、宽窄不一致，每处扣2分	5	
			30	松紧不一	2	
缲贴边，夹里	针距0.3～0.4cm，正面不露针迹、平整	3	31	针距过大或过小	1	
			32	正面明显露针迹	1	
			33	不平整	1	
针距	16～18针/3cm	2	34	针距大于或小于规定针距	1	
			35	在3cm内连续跳针3针	1	
毛脱漏针码	各部位无毛脱、漏针码现象	3	36	表面出现毛脱漏现象在1cm以上	2	
			37	里部出现毛脱漏现象在1cm以上	1	
做盘花纽	纽坨结实、饱满；盘花造型美观，缝合结实、整齐	4	38	纽坨不结实、不饱满	2	
			39	盘花造型不美观，缝合不结实、整齐	2	
钉纽扣	牢固，左右对称	2	40	钉纽扣左右不对称，不牢固	2	
面里	面里衬松紧适宜	2	41	面里衬松紧不适宜	2	
合计						

参考文献

[1] 张文斌. 服装工艺学（结构设计分册）第3版. 北京：中国纺织出版社，2001.

[2] 彭立云. 服装结构制图与工艺. 南京：东南大学出版社，2005.

[3] 甘应进，陈东生. 新编服装生产工艺学. 北京：中国轻工业出版社，2005.

[4] 白爽. 服装成衣工艺. 北京：化学工业出版社，2009.